PABLO PALAZZI

LA GRANDE ILLUSIONE

La particella della coscienza e i livelli di Realtà

PABLO PALAZZI

Copyright © 2016 Pablo Palazzi

Tutti i diritti riservati.

ISBN 9781535538206

La foto di copertina è di Unsplash™ (unsplash.com)
Brain Food logo designed by Freepik

DEDICA

Al mio cane Ronnie,
per tutte le volte che si è seduto accanto a me mentre scrivevo il libro.

PABLO PALAZZI

INDICE

Prologo   1

PARTE I
IMMORTALI

Cap.1 Il libero arbitrio   5

Cap.2 Io non morirò mai (1)   7

Cap.3 Interpretazione a molti mondi   16

Cap.4 Saf: Self Awereness Factor   19

Cap.5 Il suicidio quantistico   25

Cap.6 Entanglement quantistico   31

Cap.7 Gravitone   34

Cap.8 Io non morirò mai (2)   36

PARTE II
LE LINEE DI REALTÀ

Cap.1 L'esperimento del bivio di Shoshone (1)   45

Cap.2 L'esperimento della doppia fenditura   46

Cap.3 La macchina generatrice di linee di realtà   48

Cap.4 L'esperimento del bivio di Shoshone (2)   54

Cap.5 Mind over matter   56

Cap.6 L'esperimento del bivio di Shoshone (3)   61

PARTE III

TEORIA DEL TUTTO

Cap.1	Emissione delle frequenze	79
Cap.2	Una teoria del tutto (1)	82
Cap.3	Il Matrix	85
Cap.4	Una teoria del tutto (2)	88

PARTE VI

INFLUENZARE GLI EVENTI

Cap.1	Il campo d'informazione	95
Cap.2	Modificare la Realtà	102
Cap.3	Reality Transurfing: concetti fondamentali	103
Cap.4	L'informazione negli stati alterati di coscienza	122
Cap.5	Plasmare la Realtà	131
Cap.6	Tecniche di scivolamento nelle varianti	141
Cap.7	Sincronicità	148
Cap.8	Il programma	151

PARTE V

LINEE E LIVELLI DI REALTÀ

Cap.1	Livelli di Realtà	159
Cap.2	Astral Projection	164
Cap.3	Distacco dal corpo	167

Cap. 4	Membrane di energia	173
Cap. 5	L'ultimo livello di Realtà	180
Cap. 6	Topografia degli anelli principali	189
Cap. 7	Crepe nell'HTSI (Human Time Space Illusion)	191
Cap. 8	L'università di Dio	193
Cap. 9	Il senso della vita	198
	Conclusioni	199

PABLO PALAZZI

PROLOGO

Questo libro affronta il più grande segreto che l'uomo abbia mia tentato di svelare in tutta la sua storia: la nostra vita ha un senso? E se esiste, qual è?

Di fronte a questo dilemma, anche le domande più complesse sul cosmo, come *cosa ha scatenato il Big Bang?* o *cosa c'era prima del tempo?*, risultano di fatto irrilevanti. Quasi tutti i fisici più noti oggi concordano che è diventato ormai impossibile trovare le risposte a queste domande, senza introdurre l'«osservatore» nella ricerca: l'osservatore non solo interagisce con l'esperimento, ma ne determina l'esito stesso attraverso questa entità metafisica che chiamiamo «coscienza».

Se scopriremo che la nostra esistenza ha un senso, questo sicuramente verrà individuato all'interno dei processi della coscienza. E se, viceversa, dovremo davvero concludere che la vita non ha un senso compiuto e preciso, saremo costretti a riformulare nuove ipotesi sul vero ruolo della coscienza.

Tentando di rispondere a queste domande, l'uomo ha di volta in volta alzato il velo su misteriose entità, forze e leggi che hanno reso questo mistero, in realtà, sempre più impenetrabile. Negli ultimi 70 anni, una serie di straordinarie intuizioni e scoperte, hanno portato l'uomo a formulare alcune delle idee e teorie più complesse che la mente umana abbia mai prodotto. E con esse, scenari davvero inimmaginabili fino a qualche anno fa. Sebbene la domanda rimane evidentemente ancora oggi senza risposta, con questo libro si cerca di ricomporre un puzzle formato da alcune tessere fondamentali che provengono da diverse discipline, da alcuni degli esperimenti più noti e da altri assolutamente mai divulgati prima d'ora.

Cercheremo di capire se davvero viviamo dentro una grande illusione come il prodotto di un sogno perpetuo e senza un vero senso, al di là del tempo, o se siamo invece creature energetiche immortali solo momentaneamente sottoposte all'esperienza dell'illusione dello spazio-tempo.

Ma andiamo per gradi: tutto inizia sempre dall'irrisolta questione del libero arbitrio che si propaga, come un'ombra minacciosa e oscura, sulle più importanti teorie della fisica quantistica e sulle più interessanti ipotesi *mistiche*, dalle equazioni di Schrödinger, ai molti mondi di Everett, dall'universo matematico di Tegmark al campo d'informazione di Zeland, dal biocentrismo di Lanza alla teoria dei buchi neri di Hawking. Che ci fanno intravedere, qua e là, un meraviglioso multiverso di materia ed energia, governata dalla coscienza secondo uno schema, un programma.

Ci inoltreremo senza timore oltre i limiti della fisica e della scienza ufficiale, per dare un'occhiata al programma che Dio ha riservato per noi, o che noi abbiamo riservato per Dio in uno straordinario destino congiunto e sincronico.

Viviamo davvero all'interno della grande illusione che ci impedisce di percepire la nostra vera natura di esseri immortali?

PARTE I

IMMORTALI

1.

IL LIBERO ARBITRIO

Il problema del libero arbitrio è probabilmente la più controversa questione della metafisica e della scienza in generale. Sono passati molti anni da quando, nel 1977, il neurofisiologo e psicologo statunitense Benjamin Libet, dimostrò che raggiungiamo la consapevolezza di fare un'azione solo dopo che abbiamo iniziato effettivamente l'azione, e che l'unità che percepiamo è creata artificialmente da un meccanismo cerebrale che ritarda l'effettiva consapevolezza di un evento, in modo da farla coincidere con l'evento stesso. La coscienza è dunque un'esperienza perennemente in ritardo. Cosa sappiamo allora veramente sulla coscienza? Cos'é il libero arbitrio? Qual è il vero rapporto tra coscienza e percezione del tempo? Il processo di creazione della realtà, da un punto di vista deterministico, è basato su un concetto errato di tempo, così com'é stato illustrato dalle descrizioni della probabilità matematica nella meccanica quantistica. Concetti come "vita" e "morte" sono meri costrutti intellettuali, e idee che ipotizzano una vita dopo la morte, o le convinzioni che questa realtà deve andare per forza incontro ad una fine, sono solo astratte speculazioni. Le equazioni di *de Broglie* (fisico francese, 1992-1987) mostrano come tutti i frames che usiamo per riferimento sono in realtà quantizzati. Inclusa tutta la materia e tutta l'energia. Gli acceleratori di particelle hanno dimostrato che la materia e l'antimateria sono sempre create simultaneamente. Il paradosso di come la realtà possa emergere da astratti mattoni fondamentali che si annichiliscono l'un l'altro, può essere spiegato unicamente usando questi quanti come schema di riferimento. L'equazione di de Broglie che gli valse il premio nobel, dimostra come tutta la materia possiede una dualità onda-particella, e che ci sono momenti in cui si comporta come onda e momenti in cui si comporta come particella. Il fatto che la nostra stessa coscienza sembra essere fatta da queste stesse particelle quantizzate crea profonde implicazioni, ed è stato il soggetto di molte teorie mistiche. Dato che l'equazione di de Broglie si applica a tutta la materia, possiamo fondamentalmente stabilire che $C = h \times f$, dove C sta per coscienza, h per la costante di Planck e f per frequenza. C è responsabile per ciò che percepiamo come adesso. La somma di tutti i momenti C, fino al momento attuale, è quello che crea e definisce il nostro concetto di vita. Questa non è una speculazione filosofica, ma un'inevitabile conseguenza del fatto che tutta la materia e l'energia è quantizzata. Questa formula dimostra che la vita e la morte sono astratti costrutti di C.

2.

IO NON MORIRO' MAI (1)

Più in una società si accentua il fenomeno della globalizzazione, più il pensiero umano tende ad organizzarsi, limitandosi all'interno di forme semplici e condivise. Avviene una contrazione delle forme del pensiero. Questo è uno degli aspetti della globalizzazione di cui si parla raramente, ma che ha un effetto oggettivo sull'evoluzione del pensiero e della realtà: è infatti il pensiero, come tenteremo di dimostrare in questo libro, che forma, crea e plasma la realtà, se il pensiero è limitato, la realtà non sarà che una versione limitata tra quelle possibili.

Una di queste forme condivise di pensiero è davvero incredibile: l'idea della morte. Se oggi dicessimo che la morte, non solo non sia inevitabile, ma che sia razionalmente improbabile, saremo presi per pazzi praticamente da chiunque. Eppure, al contrario di quanto probabilmente pensate, questo minaccioso simulacro che raffigura la tragica ineluttabilità della morte, è oggi sotto attacco come mai prima d'ora: l'idea stessa della morte viene in questi giorni messa in dubbio non solo da molti filosofi, ma anche da alcuni autorevoli scienziati. Questo numero sembra essere in continua crescita.

Per entrare dentro questa idea è necessario allentare la sorveglianza che controlla i nostri concetti interni di reale-possibile, irreale-impossibile: la realtà (nel suo insieme), come vedremo più avanti, è composta da infinite linee e livelli di realtà, e all'interno di questi non ci si può né rapportare scientificamente all'impossibile né fare riferimento all'irreale.

Esistono diversi rituali che vi permetteranno di accedere a questo stato del pensiero, e più avanti li affronteremo, ma adesso entriamo direttamente nel profondo di un'idea che, in questo momento, troverete assurda:

Io non morirò mai.

Questo genere d'affermazioni sono generate da idee che nascono fuori dal meccanismo che quotidianamente usiamo per creare l'esperienza della «realtà» nella nostra mente. Sebbene sia difficile da accettare, noi sostanzialmente creiamo l'esperienza del reale spingendo la nostra mente ad ingannare la coscienza per creare unicamente una nostra versione della realtà, che può essere comunemente un substrato già condiviso su larga scala, o una effettiva co-creazione. La realtà, a tutti gli effetti, non esiste al di fuori di noi. Questa affermazione si rifà al «principio antropico partecipatorio» (o PAP), coniato da John Wheeler (il fisico che inventò il termine «buco nero»), e ripresa poi da Robert Lanza (biologo e scienziato che il settimanale *Time* ha inserito tra le 100 persone più influenti al mondo nel 2014) per formulare il quinto principio del «Biocentrismo», che per ora sintetizzeremo così - «L'universo si trova in uno stato indeterminato finché non viene costretto a definirsi da un osservatore». Secondo Robert Lanza, la realtà esiste solo nell'attimo in cui le immagini della struttura *materiale* (che poco prima era indeterminata) vengono proiettate sulla retina, nel preciso momento ove esiste un atto di coscienza. Poco prima e poco dopo ritorna ad uno stato indeterminato (o irreale). Ci torneremo dopo.

Quando interpretiamo e prevediamo la realtà non facciamo praticamente mai affidamento su un'esperienza diretta, usiamo in verità una intermediazione che crea una «copia» della realtà. Ogni giorno, nel mondo, vengono create miliardi di copie della realtà in ogni istante preciso in cui un pensiero prende forma all'interno del meccanismo crea-realtà. Queste copie, come vedremo più avanti, non sono entità del tutto astratte, ma si depositano in un substrato che crea un sovra-livello della realtà.

Vediamo un esempio: se mi infilo un coltello nel polpaccio, immediatamente provo quello che abbiamo imparato a definire come dolore: la base della sensazione viene elaborata dalla corteccia somatoestesica primaria, poi da una parte dal sistema limbico, ed infine, nella corteccia prefrontale. La sensazione del dolore assume le sfumature legate alla nostra personalità. Nel sistema limbico gli stimoli dolorifici vengono quindi confrontati con i ricordi inconsci e creano la nostra esperienza del reale, che è un vero e proprio miscuglio composto dall'esperienza diretta in minima parte (*coltello nel polpaccio = dolore*), dalla rielaborazione basata sullo schema dei nostri ricordi consci, e dall'integrazione con le nostre previsioni sull'esito del dolore (ospedale-operazione, possibile recupero).

Niente di strano fin qui. L'associazione *coltello nel polpaccio = dolore* è un nesso causale creato all'interno della sovrastruttura della realtà, ma non costituisce un fatto reale di per sé. Quanti di voi infatti si sono infilati davvero un coltello nel polpaccio? Un numero esiguo di voi, tutt'al più, avrà assistito a qualcuno che lo faceva proprio davanti ai suoi occhi, per esempio un compagno di stanza all'università (prima copia della realtà). Mentre la maggior parte di voi non avrà né provato direttamente né assistito dal vivo, ma piuttosto avrà visto questa scena in Tv alcune volte (numero «x» copie della realtà) e avrà dedotto che, se uno spillo sul dito fa male, figurarsi un coltello nel polpaccio! La nostra realtà si basa su moltissime previsioni-deduzioni e pochissima esperienza diretta originale. La nostra realtà è in vero una circoscritta iperrealtà (una simulazione della realtà che sostituisce il reale, producendo un gigantesco simulacro completamente scollegato dalla realtà. Questo simulacro è l'iperrealtà).

L'esperienza diretta originaria è per lo più ormai un fatto rarissimo nelle società evolute come la nostra, vediamone un esempio: «A» ha avuto un grave incidente, ha perso la memoria a breve e lungo termine, non sa riconoscere nemmeno la forma di un cucchiaio. Quando si sveglia dal coma si trova in una casa in campagna, e appena esce in giardino incontra un leone. «A» non ha mai visto un leone, né un altro uomo o alcunché. Non può avere paura del leone perché non conosce il concetto, l'idea della paura, e questa non può essere associata a nulla. Il leone si trova nella stessa identica situazione (ha perso la memoria e si è svegliato lì come «A»). Entrambi hanno una ridottissima consapevolezza della loro identità e della loro *forma*. In un caso del genere sia «A» che «il leone» costruiranno un'idea della relazione reciproca su un'esperienza diretta originale, creando vicendevolmente una *prima* versione della realtà da uno stato indeterminato. Ciò che succederà tra i successivi tipi di «A» e i successivi tipi di «leoni», una volta incontrati, dipende proprio dal numero di copie della realtà si andranno a creare in seguito. Quando noi «prevediamo» che il leone mangerà l'uomo, stiamo in effetti co-creando questo evento rinforzando un unico substrato della realtà (tra i tanti possibili) che si è distinto dallo stato indeterminato originario (quello dell'esempio sopra riportato).

Siamo dunque, nella maggior parte dei casi, portati a creare una realtà in modo indiretto, tramite metodi deduttivi d'interpretazione del passato per generare degli outcomes futuri. Questo, siamo convinti, è il metodo migliore per comprendere il mondo e fare previsioni.

Tornando al polpaccio, possiamo dunque affermare che potenzialmente solo l'*uomo-osservatore*, che sia nato e vissuto isolato in una caverna (ad esempio), dopo essersi infilato il coltello nel polpaccio, sia in grado di conoscere e formulare un pensiero autonomo su quell'azione e sulla previsione futura. Non è affatto scontato che urlerà di dolore, né che sanguinerà! Il dolore, e persino il sangue, è indotto dai suggerimenti dell'iperrealtà (che sono sostanziali copie dell'originale realtà), che a sua volta (prima di diventare realtà) era *indeterminatezza* assoluta.

Alla realtà si può dunque accedere in modo diretto o indiretto, ma solo il metodo diretto «puro» permette di avvicinarsi alla vera natura di essa.

Lasciate che vi proponga adesso un esempio leggermente più articolato del precedente, al fine di condurvi verso un'intuizione. Vi trovate su una strada dritta verso la destinazione «A» (un vostro amico), ad un certo punto trovate un cartello che indica - *strada chiusa - ponte crollato - tornare indietro* - con sotto il simbolo di divieto d'accesso. Ovviamente tornate indietro, e quando il vostro amico vi chiederà conto del ritardo - *perché non sei venuto dal ponte?* - risponderete candidamente - *perché era crollato (e saresti caduto con la macchina nel vuoto*, ometterete di aggiungere).

Vi rendete conto davvero di cosa state dicendo? State palesemente rispondendo con una bugia! Voi non avete neppure visto il ponte, né tantomeno siete mai passati con una macchina sopra ad un ponte interrotto! Che ne sapete se esisteva un ponte? Che ne sapete se era crollato? Che ne sapete se attraversando un ponte crollato sareste caduti giù e sareste morti? State formulando pensieri basati su copie di copie della realtà, e il vostro pensiero non è che l'ennesima copia che andrà a rafforzare una specifica struttura energetico-linguistica (parleremo dei *Pendoli energetici* nei prossimi capitoli). Il meccanismo che usate, chiamato comunemente *esperienza*, si basa su un po' di nozioni di fisica (che sono in realtà copie di originali nozioni di fisica) ed immagini televisive (copie di copie di copie…), tutto qui. State costruendo una versione semplificata della realtà (una copia), non solo per non perdere il tempo necessario per arrivare fino al ponte (ahi! cosa non ci fa fare o non fare l'illusione del tempo!), ma per evitare di conoscere direttamente la realtà. Noi non siamo di fatto per niente interessati alla realtà, siamo totalmente in balia delle copie che abbiamo prodotto nel corso di millenni. Ci nutriamo avidamente di copie della realtà perché ciò equivale ad inserire un pilota automatico che ci svincola dal *fastidioso compito* d'interpretare l'indeterminato.

Come la prendereste se vi dicessi che fino ad ora vi siete affidati ad una serie di plateali «false suggestioni»? Ed affermassi, al contrario, che le macchine non cadono giù dai ponti crollati, ma rimangono invece sospese in eterno.

Di fatto, quando rispondiamo al nostro amico, non ci rendiamo assolutamente conto che stiamo potenzialmente rafforzando una falsa idea (una struttura energetica), semplicemente perché riteniamo impossibile fare esperienza diretta di ogni cosa, a meno di avere 1000 o più vite a disposizione.

Spero che concordiate con me, a questo punto - in questa estrema versione del pensiero - che mentiamo costantemente a noi stessi, senza consapevolezza.

Tutti i fatti avvenuti nel passato, tramandati, consolidati, sono in effetti la trama su cui fondiamo la previsione del futuro e le certezze circa la realtà. Così facendo, non possiamo più distinguere tra reali esperienze veramente accadute e quella che si chiama la «realtà reificata».

La reificazione della realtà è una fallacia che si produce quando un'astrazione (un costrutto ipotetico) viene trattato come se fosse un concreto evento reale (*fallacy of misplaced concreteness*). In termini assoluti tutta la realtà è reificata, e nel nostro caso, asserire che un cartello che indica «ponte crollato» equivale a dire che il ponte è effettivamente crollato, è un classico esempio di realtà reificata.

Ora, torniamo alla mia enunciazione di prima, *Io non morirò mai*, vi sembra sempre così assurda? Probabilmente sì!

Continuiamo ad andare in profondità dentro a questa idea:

- Quante volte siete già morti?
- Quante volte avete avuto esperienza diretta della vostra morte?

La domanda sembra stupida e la risposta ovvia: non avete mai avuto nessuna esperienza diretta. Da cosa deducete che prima o poi morirete (anche) voi? In linea di massima da un paio di fatti principali: avvertite il tempo che scorre, avvertite l'invecchiamento e sapete, per esperienza, che si invecchia fino ad un certo punto, poi si muore (nel migliore dei casi non prima d'incidenti traumatici, o a causa di malattie gravi da giovani).

Questa deduzione, oltre che dovuta alla percezione del

tempo che scorre (eh sì ho due rughe in più, sto invecchiando ho perso i capelli!), ha una derivazione molto più radicata: non è solo una delle tante idee indotte dal programma con cui è stata scritta questa società, ma, insieme all'illusione dello spazio-tempo, è l'idea fondante che tiene in piedi tutto il programma. È stata scritta talmente bene che nessuno ne ha mai dubitato. Ma la morte, in verità, è un concetto puramente astratto, uno dei più eclatanti prodotti della reificazione della realtà. Nonostante sia l'evento che da solo definisce il concetto intero di vita, e su cui basiamo fondamentalmente tutta la nostra esistenza, non esiste un'esperienza diretta originale a sostenerne l'idea. Eppure ci crediamo in modo totale, assoluto.

A questo punto molti di voi staranno pensando che questa argomentazione sia inaccettabile. «*Mia madre è morta, i miei nonni sono morti, tutti i giorni sui giornali ci sono milioni di annunci di morti!*»

Qualcuno di voi, avendo assistito dal vivo alla morte di un proprio caro, potrebbe ritenerla addirittura *ridicola*. «*L'ho accompagnato all'obitorio, ero lì quando l'hanno sepolto. Da quel giorno in poi non l'ho più visto.*»

Eppure, nonostante ciò, ripropongo la mia domanda:

- chi di voi è già morto?

Non esiste concettualmente alcuna differenza tra il cartello del ponte crollato e il cartello che indica «morte». La realtà è divisa in strati nella nostra mente, dalle cose puramente dedotte dai vari livelli delle copie (la terra è sferica, lo strumento indica che stiamo volando a 11.000 metri, Marco in questo momento è a Bali perché mi ha mandato una foto su WhatsApp), fino a quelle di cui abbiamo una parziale percezione diretta (mi scappa la pipì, mi sento bene, provo un desiderio, ho sonno, mi fa male il piede, sono vivo, ecc). In mezzo a questi strati di realtà, così come in un cheeseburger, ci sono qua e là, strati di realtà puramente auto-indotta (*«ho paura perché in Tv hanno fatto vedere che poco lontano da me c'é stato un attentato di fondamentalisti islamici, devo concludere qualcosa nella mia vita, sto invecchiando e presto morirò, non c'é più tempo»*).

Il fatto che abbiate visto vostra madre morire davanti a voi in un letto d'ospedale (*«l'elettrocardiogramma segnava una linea piatta, lei non ha più aperto gli occhi né ha più detto una parola, l'hanno portata in una cella frigorifera e poi l'ho vista l'ultima volta dentro la bara aperta»*) appartiene, che ciò vi piaccia o meno, al condimento del cheeseburger, cioè è una realtà auto-indotta. L'unica cosa a cui la coscienza avrà un accesso diretto è il dolore che avete provato, la tristezza, la mancanza, i rimpianti. Questi stanno nella parte del cheeseburger dove sono collocate le percezioni dirette. Le emozioni sono assolutamente *più reali* degli eventi che le hanno prodotte.

Questa, che vi piaccia o meno, è l'unica realtà su cui potete fare veramente affidamento: provate dolore per chi muore, ma voi non siete assolutamente mai morti.

D'ora in avanti, infatti, potete tranquillamente ipotizzare che nel caso il vostro cane morisse, provereste nuovamente quei sentimenti, perché solo di quelli avete avuto una percezione diretta.

Il fatto che la morte di vostra madre vi abbia fatto dedurre che tra 30, 40 anni sicuramente sarete morti anche voi, è palesemente una previsione basata su una percezione indiretta, quindi – potenzialmente – non reale.

Quello che manca all'interno di questo scenario è una teoria che tenti di mostrare uno sviluppo alternativo alla nostre precise domande:

- Perché non dovrei mai morire quando ho in realtà la nitida, cristallina percezione che sto invecchiando?

- Dove vanno a finire le persone che conoscevo un tempo e che sono morte?

3.

L'INTERPRETAZIONE A MOLTI MONDI

Il primo soccorso ci arriva dalla meccanica quantistica, ed in particolare dalla teoria del multiverso nella sua declinazione prevista dall'«interpretazione a molti mondi», formulata nel 1957 dal fisico e matematico Hugh Everett III.
Per chi non la conosce ancora, questa interpretazione a molti mondi tenta di risolvere uno dei dilemmi principali usciti dalla fisica quantistica: come ridurre il ruolo protagonista dell'osservatore e come rimuovere il problema del collasso della funzione d'onda. Per ottenere questo, arrivando rapidamente al punto, Everett ipotizza che l'«universo», al momento dell'osservazione e dell'interazione fra i sensi dell'osservatore con il sistema misurato, si divide in numerosi «mondi», uno ciascuno per ogni possibile risultato della misura. Se tu, conducendo un'auto in autostrada, ti trovassi di fronte ad un bivio con due cartelli: a destra Parigi, a sinistra Montecarlo, secondo l'interpretazione a molti mondi «*vai*» sia a destra che a sinistra. La tua percezione, collegata con la tua coscienza, in un certo senso, t'ingannerebbe e ti darebbe l'illusione di aver svoltato o a sinistra o a destra. Vedremo in seguito in questo libro che cosa è effettivamente la coscienza e come potrebbe funzionare il meccanismo che offusca i molti mondi per illuminarne uno solo.
Dunque sappiamo che attualmente l'ipotesi di Hugh

Everett III riscuote un grande successo, e sopra questa interpretazione, è stata costruita una notevole mole di matematica che ha portato ad un ulteriore sviluppo della teoria. In particolare, il fisico svedese naturalizzato statunitense (professore all'MIT) Max Tegmark, è attualmente uno dei più intraprendenti pionieri della della teoria del multiverso.

È importante che capiate che non siamo nel regno della fiction perché la teoria del multiverso è attualmente inglobata in tutta la fisica precedente, e che qualsiasi predizione sui modelli del futuro, dalle teorie sui buchi neri fino ai propulsori per i viaggi interstellari, ne tengono ampiamente conto. Il noto fisico statunitense Bian Greene (uno tra i più importanti studiosi della teoria delle stringhe) ipotizza che il nostro universo non sia altro che una tra le numerose «bolle» in un cosmo in espansione, e che noi viviamo attualmente in una delle molte «brane» che formano un gigantesco filone di pane cosmico: il multiverso. Ci sono ormai migliaia di libri su questo argomento per cui non starò qui ad approfondire, mentre invece cercherò di non perdere la vostra attenzione sulla mia argomentazione seguita alla enunciazione «Io non morirò mai». Riassumo sinteticamente i punti che abbiamo analizzato poco prima:

- È innegabile che nessuno di voi, che state leggendo questo libro, sia mai morto fino ad ora.

- Percepiamo la realtà con un'intensità diversa a seconda se la nostra coscienza ha avuto un accesso alle informazioni in forma diretta (originale), deduttiva o auto-indotta.

- L'unica realtà su cui possiamo fare realmente affidamento è basata su una percezione diretta.

- Il concetto di reale nella nostra mente è il frutto di un mix di strati dove le percezioni si mischiano, si avvinghiano, fino ad abbracciarsi indissolubilmente, rendendo impossibile distinguere tra la percezione diretta, la previsione del futuro, i fatti acquisiti tramite l'induzione, e la pura auto-induzione.

- Nel multiverso che è espressione dell'«interpretazione a molti mondi», tutto è già avvenuto, ogni volta che prendiamo una decisione l'universo si biforca in tutti gli esiti possibili anche se noi manteniamo la percezione di muoverci come entità uniche, singole, complete, attraverso il tempo.

- Si suppone che la teoria dei molti mondi possa portarci (per una questione logica) anche ad una teoria parallela delle molti menti, che sono il riferimento dei corrispettivi molti mondi.

- Non esistono mondi senza menti, non esiste nulla senza coscienza. Percepiamo di muoverci avanti verso un'unica freccia nel tempo esattamente fino al momento in cui siamo convinti che moriremo, e il tempo smetterà di esistere.

4.

SAF: SELF AWARENESS FACTOR

Andiamo a puntare adesso il nostro microscopio proprio in quei momenti in cui arriviamo alla fine del tempo e siamo convinti di morire. Divideremo la nostra indagine in due: la morte *improvvisa* per trauma e la morte *graduale* per vecchiaia.

La morte improvvisa per trauma.

«A» sta viaggiando in autostrada con 2 amici, «B» e «C». «A» è seduto davanti, «B» guida e «C» è seduto dietro. «B» sta guidando a 180 Km/h ed entra in una galleria buia. Non si rende conto che ci sono due tir fermi nelle uniche corsie disponibili. Frena troppo tardi e la macchina si schianta contro il tir di destra. Dopo l'acuto rumore dell'impatto (che dura così poco che nessuno dei 3 lo percepisce a pieno) cala un lungo silenzio ottenebrato dal fumo e dalle fiamme. Il tempo rallenta, un minuto sembra durare 1 ora. Ad un certo punto «A» apre gli occhi, si rende conto, ha la percezione (confusa) di essere, incredibilmente, ancora vivo. Riesce a voltarsi verso «B» e «C», e, seppure non ne abbia la certezza, deduce, dalla spaventosa scomposizione dei corpi, che «B» e «C» siano morti.

La sua deduzione finale (io sono vivo ma «B» e «C» sono

morti) verrà confermata non appena ci muoveremo in avanti nella freccia del tempo: i dottori dell'ospedale confermeranno il decesso di «B» e «C», e ci sarà il funerale di «B» e «C».

«A», in seguito, non potrà fare a meno di chiedersi quale sia il fato che ha risparmiato la sua vita, poi - ad un certo punto - si convincerà che la posizione del suo sedile rispetto all'angolatura dell'impatto, sia l'unica variabile del destino che lo ha risparmiato dalle tenebre eterne.

Ma questa versione dei fatti in realtà appartiene ad una serie di versioni dei fatti infinita, di cui noi estrapoleremo almeno le principali 6 (2x3) che serviranno ai nostri scopi d'esame:

1) A, B e C sono tutti morti nell'incidente, 2) A, B e C sono tutti sopravvissuti all'incidente, 3) A è sopravvissuto, B e C sono morti, 4) A e B sono vivi, C è morto, 5) A e C sono vivi, B è morto, 6) B e C sono vivi, A è morto.

La versione 1 e la 2 sono concettualmente la stessa cosa da punto di vista della percezione globale perché nessuno dei 3 potrebbe fare, in entrambi i casi, congetture sui punti seguenti. Ma questo lo vedremo più avanti nel libro.

Diciamo quindi che, secondo la teoria dei molti mondi (ristretta ai mondi di «A» «B» «C» in cui sono o vivi o morti), l'universo si è diviso (poco prima, poco dopo? ne parleremo più avanti) in almeno 6 nuovi universi. Qui però dobbiamo aprire una breve parentesi: quando ci si riferisce a nuovi universi, s'intende sempre nuovi universi soggettivi, perché in realtà si sarebbero creati almeno 6 nuovi universi x 3 (18), cioè 6 per «A», 6 per «B», e 6 per «C». Tralasciamo però al momento questi 18 universi e concentriamoci sui 6 che fanno riferimento ad «A».

Se «A» potesse leggere questo libro, diciamo almeno fino al punto in cui siamo arrivati adesso, potrebbe porsi una domanda di questo tipo:

È possibile che la posizione del mio sedile nell'impatto sia in effetti irrilevante e che B e C non siano morti ma continuino a vivere in un altro universo? Sicuramente potrebbero vivere almeno negli universi 1, 2 ma anche nel 6 (dove è solo «A» che è morto).

A complicare però le cose interviene quello di cui parlavamo prima, cioè che gli universi sono soggettivi. Vediamo di rendere il termine soggettivo più semplice possibile con un esempio:

- Ammettiamo che sia «A» che «B» che «C» non siano mai stati coinvolti prima in incidenti simili, e non solo, ma nessuno dei 3 abbia mai rischiato la vita. Per pura via ipotetica ammettiamo che nessuno dei tre non sia neppure mai caduto dagli sci o inciampato per strada o abbia mai giocato a calcio rischiando per esempio un infarto. È un discorso puramente ipotetico, ma per semplificazione accettiamo che sia possibile che sia «A» che «B» che «C» abbiano un valore *saf* identico di 100 su 100, dove *saf* sta per *«self awerness factor»*. Vedremo nel dettaglio cosa significa esattamente il *saf*, ma adesso per proseguire il ragionamento senza altri zigzag, immaginiamo che:

- Quando nasciamo (in ogni universo possibile) abbiamo tutti un self awerness factor di 100 punti. Vuol dire che percepiamo la realtà nella sua totale pienezza perché non ci siamo mai divisi in altri universi possibili, non solo perché non siamo ancora potenzialmente morti ma anche perché non abbiamo né osservato il mondo né fatto delle scelte ancora. Ogni volta che potenzialmente il nostro universo soggettivo si divide in nuovi universi paralleli (per semplificare immaginiamo che si divida solo nelle potenziali occasioni di morte traumatiche, per esempio: sono caduto con gli sci e stavo finendo inesorabilmente giù da un crepaccio, eppure mi sono fermato inspiegabilmente sul bordo della pista) noi cediamo una piccolissima parte di questo valore 100 (diciamo per esempio un 0,000001 %) ai nostri alterego nei vari universi alternativi (non solo in quello in cui sono morto ma in quello in cui mi rompo una gamba nel crepaccio, in quello in cui finisco contro B che a sua volta finisce nel crepaccio, eccetera, fino ad infiniti valori). Mentre nell'universo in cui continuiamo a percepire di vivere, sono invece le persone proporzionalmente più lontane dalla nostra attuale linea di vita che perdono quantità di self awerness factor più importanti: per esempio quella persona che incontri saltuariamente alla fermata dell'autobus potrebbe perdere il 10 % o la tua ex fidanzata che non vedi più da 10 anni potrebbe perdere il 20%, mentre persone che non hai mai incontrato e che stanno in un altro continente potrebbero perdere anche una percentuale vicino a 99.9 % periodico. Sono in effetti persone che, dal tuo punto di vista di percezione della realtà, cessano di esistere dal momento che non interagiscono con te e non determinano le tue linee di realtà. Chi invece si trova vicino e vicinissimo alla tua attuale linea di realtà, tua moglie, il tuo migliore amico, tua madre, ecc, perdono significativamente meno, supponiamo proporzionalmente il 2%, il 5%, ecc. Anche se ci saranno casi di persone a te vicine che perderanno una percentuale davvero significativa: lo vedremo tra pochissimo.

Chi perde percentuale di *saf* in un universo, lo riacquista in un altro, nulla viene disperso. Più un *saf* è basso più la persona avrà una coscienza della realtà limitata, fino a tendere a valori approssimativi allo zero in cui le persone sembrano sostanzialmente (usando una metafora molto forte) dei veri e propri attori sullo stage della tua vita. In sostanza il loro scopo diventa unicamente quello di permettere al tuo mondo percepito di continuare ad esistere quasi come era prima, con una totale corrispondenza della freccia del tempo (o dell'illusione della freccia del tempo). È proprio tra le pieghe di questo «quasi» che si gioca la vera partita per scoprire, per trovare le prove della veridicità dell'espressione «*Io non morirò mai*».

Sostanzialmente quindi non sei morto, ma, tutto intorno a te è - impercettibilmente - cambiato. È difficile accorgersene, alcuni ritengono che sia quasi impossibile, ma ricorda, più volte sei potenzialmente morto (quindi si è creata una biforcazione importante nella linea della vita) più facile sarà per te scorgere questi sfuggenti cambiamenti di sostanza nelle persone intorno a te. Vedremo nel prossimo capitolo di cos'é fatta questa sostanza che fluttua tra i molti mondi nelle molte menti.

È importante comprendere che la morte è solo da considerarsi come un accadimento estremo (che ci torna qui solamente utile per capire meglio il concetto di migrazione di *saf*), ma ogni istante, anche quello che vi sembra il più irrilevante, genera quotidianamente uno spostamento di *saf* tra le persone che vi circondano: siamo sempre nel campo più piccolo della fisica delle particelle, quindi quello che stiamo facendo qui è traslare le forze in campo nel mondo quantistico in qualcosa a noi più familiare, come la morte o semplicemente quella persona che quel giorno è scesa alla fermata prima di noi facendo cadere un granello di polvere sulle nostre scarpe.

Bene, ora qualcuno di voi particolarmente attento e acuto potrebbe osservare: *ma se il self awareness factor cambia per tutti costantemente perché non cambia anche per noi?* E di seguito potrebbe argomentare che se cambia anche per noi, nel momento che accadono cose agli altri, anche noi ad un certo punto potremo arrivare ad avere un *saf* prossimo allo zero ed essere sostanzialmente degli inconsapevoli attori di noi stessi.

La questione non solo è lecita, ma è cruciale. A chi davvero si è posto questa domanda (magari pensando di avere trovato una gigantesca falla nel mio argomentare) innanzitutto voglio porgere i miei complimenti: è una domanda ovvia, ma nelle sopra citate teorie del multiverso, dei molti mondi, e persino delle molte menti, non ne troverete granché traccia. Vi diranno che il potenziale candidato dell'esperimento del doppio cartello in autostrada è andato sia a Parigi che a Montecarlo: «A» si è diviso in «B» e «C». Quello che non spiegano esaustivamente è 1) che rapporto c'é adesso tra «A» e «B» e soprattutto 2) io chi sono adesso? Sono «A» o sono «B»? Diranno eufemisticamente che se tu sei andato a Montecarlo sarà allora il tuo alter-ego che è andato a Parigi. Già...ma chi è costui?

5.

IL SUICIDIO QUANTISTICO

Prima di riprendere il filo del ragionamento (*se il self awareness factor cambia per tutti costantemente perché non cambia anche per noi?*), rivisitiamo brevemente un esperimento mentale famoso che è in tema con quanto stiamo dicendo adesso.

Per chi di voi non ha mai sentito parlare del famoso esperimento mentale del suicidio quantistico, si tratta originariamente di un'idea del 1987 di Hans Moravec che venne poi ripresa e sviluppata da Max Tegmark (di cui abbiamo già parlato prima) nel 1998. Nell'ambito subatomico per cui è stato concettualizzato questo esperimento mentale, lo scopo era di distinguere l'interpretazione di Copenaghen della meccanica quantistica e quella a molti mondi di Hugh Everett III attraverso una variazione dell'esperimento del gatto congetturato da Erwin Schrödinger nel 1935.

Esso consiste, in pratica, nell'esaminare l'esperimento del gatto di Schrödinger dal punto di vista del gatto. Dal suddetto esperimento mentale, è stata ricavata una speculazione metafisica sull'immortalità quantica, secondo la quale l'interpretazione a molti mondi della meccanica quantistica implica l'immortalità degli esseri autocoscienti.

Se non avete mai sentito del gatto di Schrödinger o dell'interpretazione di Copenaghen vi invito ad approfondire la innumerevole mole di scritti in materia, noi proseguiamo invece con l'esperimento del suicidio quantistico: un ricercatore si siede di fronte ad una pistola carica, il cui grilletto è azionato, oppure no, a seconda del decadimento di alcuni atomi radioattivi. In ciascuna prova dell'esperimento esiste una possibilità del 50% che la pistola faccia fuoco e che il ricercatore muoia. In accordo con l'interpretazione di Copenaghen, c'è una probabilità del 50% che il ricercatore muoia o che continui a vivere. Se invece si considera l'interpretazione multi-mondo della meccanica quantistica, allora ad ogni prova dell'esperimento il ricercatore sarà «sdoppiato» in un mondo in cui continua a vivere e uno in cui muore. Dopo una serie di prove esisteranno molti mondi e il ricercatore cesserà effettivamente di esistere in quelli in cui egli muore. Perché vi ho proposto questo esperimento? perché noi stiamo concettualizzando il self awareness factor proprio all'interno di questo contesto: abbiamo visto che ogni volta che il ricercatore preme il grilletto ha il 50% di probabilità di morire, ed ogni volta l'universo si doppia. Quello che manca qui è una descrizione di cosa accade nel mondo circostante dello sperimentatore, sia ogni volta che premendo il grilletto sopravvive, sia nell'ultimo caso in cui muore.

Per la fisica quantistica attuale, le ipotetiche 10 persone che osservano il ricercatore premere per 10 volte il grilletto sopravvivendo, rimangono assolutamente immutate. Per loro l'universo si è sdoppiato 10 volte, ma le 11 persone (il ricercatore più i 10 osservatori) rimangono all'interno dello stesso universo. Solo il ricercatore, quando muore, verrà proiettato in un altro universo in cui vive. Allo stesso tempo (anche se non è quasi mai preso in esame), ognuna delle 10 volte che sopravvive, il suo alter-ego verrà proiettato per 10 volte in un universo in cui muore. O no?

Lasciamo lì la domanda e torniamo agli osservatori. Se ciò che è alla base del concetto di self awareness factor è vero, ognuna delle 10 volte che il grilletto spara a vuoto, i dieci spettatori perdono una quota significativa di *saf*. Modificando ipoteticamente questo esperimento potremo inserire 10 particelle-spettatrici che non hanno mai interagito con la particella-ricercatore, dietro un vetro oscurato in una stanza dove è stato creato il vuoto quantistico (chiamato anche energia di punto zero). Ovviamente è un paradosso inserire delle particelle nel vuoto senza perturbarlo, alcuni – per altro – ipotizzano che lo spazio vuoto non sia veramente vuoto, ma che pulluli di una quantità di energia inimmaginabile e sia fatto di particelle virtuali che saltano dentro e fuori dalla realtà.

Ma torniamo a noi: le nostre particelle-osservatrici (nel finto vuoto) sono dunque per il ricercatore come persone che vivono dall'altro capo del mondo e lontane dalla sua attuale linea di realtà, quindi, secondo quanto ipotizzato prima, dovrebbero cedere il massimo di *saf* ogni volta che il grilletto non causa la morte, visto che l'universo si biforcherà ogni volta, facendo cedere agli osservatori una quota significativa di *saf*. Mentre l'osservatore ne cederà ogni volta una parte minima.

Ecco che ora possiamo ricucire tutta l'argomentazione: se il mondo si divide quotidianamente in ricercatori e spettatori, come è possibile che su uno stesso mondo ci sia più di 1 ricercatore?

Forse non avete compreso bene questa domanda, quindi torniamo nella stanza dell'esperimento: cosa ne dite se adesso non solo il ricercatore si punta la pistola alla tempia ma anche uno degli spettatori all'improvviso fa esattamente la stessa cosa? Abbiamo forse 2 ricercatori e 9 spettatori adesso? Ammettiamo che entrambi i 2 ricercatori (quello vero e lo spettatore improvvisato) seguano perfettamente la stessa sequenza, ossia 10 volte di fila sopravvissuti perché la pistola non fa fuoco. Che succede adesso al «vero» ricercatore? Perde anche lui una considerevole quota di *saf* che prima assolutamente non perdeva? In sostanza può un osservatore fare diventare un ricercatore una specie di attore-automa semplicemente sopravvivendo per 10 volte alla roulette russa?

La risposta è no. Ed è la stessa risposta che darò alla domanda che abbiamo lasciato poche pagine indietro: *ma se il self awareness factor cambia per tutti costantemente, cambia anche per noi?* Ancora, la risposta è no. Per il ricercatore il self awareness factor cambia in modo diverso e assolutamente minimale rispetto agli osservatori. Il «ricercatore» vive sempre in uno stato di coscienza «massimale», quando diciamo *vive* intendiamo solamente la «percezione» di essere vivi: la vita di per sé, non significa nulla senza la percezione che l'accompagna. È vero che gli universi sono divisi in ricercatori e spettatori ma su ogni ipotetico universo troveremo sempre e solo un ricercatore. Infondo non è così male, gli spettatori non sono altro che ricercatori più scarsi. Forse un bel po' più scarsi ma stiamo parlando sempre di individui come noi, questo dovrebbe consolarci.

Se pensate che siamo arrivati infondo alla questione, ahimè, vi state sbagliando di grosso. Vi faccio un esempio: in questo preciso momento in cui sto scrivendo queste parole, io sono assolutamente certo di essere quell'unico ricercatore in questa linea di realtà, mentre tu, John di Vancouver che tra 7 mesi e 4 giorni leggerai questa pagina, sei attualmente uno spettatore e anche uno di quelli con un *saf* davvero scarso (nel «mio» universo soggettivo). Ma tra 7 mesi e 4 giorni sarai tu John di Vancouver ad avere un *saf* molto elevato, magari vicino al 90 %, mentre io sarò, in riferimento a te (nel «tuo» universo soggettivo), con un *saf* vergognosamente basso in quel momento. «*Quel momento*» non è però che un fotogramma, proprio come il «*mio momento*», non si situa né avanti né indietro, non esiste un preciso momento in cui avviene, semplicemente si «illumina» come conseguenza di un atto di coscienza. Io posso adesso *solo* ipotizzare che «*quel momento*» sia sequenziale alla scrittura di questo libro. E non finisce qui, diamo dei numeri tanto per intenderci meglio: in questo momento io ho un *saf* del 95% mentre John dello 0.001%. Quando John leggerà questa pagina lui avrà (supponiamo) lo stesso identico 95% che ho io adesso, ma io non avrò il misero 0,001% di John, ma qualcosa in più, facciamo un numero a caso: il 2%. Perché? Avrò il 2% perché, anche se John non mi conosce, anche se sarò morto ormai nella sua linea di vita, sto esercitando una forza su John (in realtà la sto già esercitando adesso, persino se John, nella mia attuale linea di realtà, non fosse ancora nato). Quindi, in tutti gli altri universi possibili, ogni volta che eserciterò una forza su un'altra entità, perderò automaticamente un po' di *saf* in tutti gli altri universi. In una visione più ampia, ognuno di noi esercita - in effetti - una fievole forza su tutti e tutto, persone che non incontreremo mai, persone che sono già morte nel nostro universo, persone che vivono in un'altra linea di vita. Tutto è interconnesso, questo già lo sapete, ma per scoprire questa interconnessione debolissima in natura (rispetto ad i nostri attuali metodi di rilevamento), dobbiamo ingannare Dio (e noi stessi, sempre che non siamo semplicemente l'altra faccia della stessa moneta), oppure trovare delle «porte». Per questo costruiamo esperimenti reali e mentali in cui andiamo ai limiti, fino ai paradossi estremi, perché qui le forze aumentano un pochino e gli effetti quasi si possono vedere e misurare.

Abbiamo supposto che nasciamo tutti identicamente (nasciamo concettualmente, non intendo esattamente dopo un parto, ma poi vedremo più avanti) con un *saf* di 100, ma questo 100 va diviso (non in modo uguale come abbiamo visto) tra tutti gli outcomes possibili. Se nell'esempio dell'incidente in auto, «A» sopravvive e «B» e «C» muoiono, «A» perde un pochino di *saf* che finirà in un altro suo universo «soggettivo» dove viene attratto, «B» e «C» invece, nei rispettivi molti universi dove continuano a vivere, riceveranno una *bella* dose di *saf* (spartita secondo la meccanica degli eventi).

Mentre su questo universo dove sopravvive «A», il *saf* legata a «B» e «C» tornerà in piccole dosi ogni volta che ci sarà una "*spooky action at a distance*" di «B» e «C» sull'universo legato principalmente ad «A».

6.

ENTANGLEMENT QUANTISTICO

In fisica, il termine *«spooky action at a distance»* (coniato da Einstein e letteralmente «terrificante azione a distanza») è un'interazione istantanea che si verifica tra oggetti separati nello spazio con ignoti mediatori dell'interazione. Questa espressione fu utilizzata dai primi fisici che studiarono la teoria sulla gravitazione e sull'elettromagnetismo per spiegare in che modo un oggetto possa interagire con la massa (nel caso della gravità) o la carica (in elettromagnetismo) di un altro oggetto distante. Le attuali teorie fisiche incorporano invece il limite di propagazione della luce come principio base, escludendo così ogni azione «istantanea» a distanza. Con un'eccezione: l'entanglement quantistico. Einstein coniò infatti l'espressione *spooky action at a distance* proprio riferendosi al caso specifico dell'entanglement quantistico. Presumo che ormai sappiate tutti di cosa si tratta, ma spendiamo solo 2 brevissime parole per descrivere semplicisticamente il fenomeno dell'entanglement quantistico, visto che se lo merita decisamente, essendo forse la scoperta più stupefacente del secolo. Il termine «entanglement» (letteralmente *groviglio*, *intreccio*) fu introdotto da una persona geniale, dal nome Erwin Schrödinger, per indicare quello stupefacente vincolo o rapporto istantaneo che si verifica tra due particelle che sono in uno stato quantico globale definito (ottenuto facendo interagire opportunamente le particelle o acquisendole direttamente da un processo naturale). L'effetto dell'entanglement fa si che il valore misurato per una particella influenzi istantaneamente il corrispondente valore dell'altra, che risulterà tale da mantenere il valore globale iniziale. È stato scoperto, incredibilmente, che ciò rimane vero anche nel caso in cui le due particelle si trovino enormemente distanziate. Sembra non ci sia proprio in effetti alcun limite spaziale. Per semplificare, supponiamo che invece di misurare lo spin delle due particelle in stato di entanglement, si misurasse il self awareness factor delle particelle (ammettiamo che esista) risulterebbe che il loro stato complessivo è sempre 100, e che se una particella si trovasse in un altro universo o in un'altra linea di realtà, se una cambiasse il suo valore da 50 a 60, l'altra (ovunque essa sia) prenderebbe il valore di 40. Sappiamo ormai con un certo grado di sicurezza che le leggi della natura che scopriamo sono poi applicabili a tutto l'esistente. Questo non toglie che risulti sperimentalmente assai complicato applicare le leggi dell'estremamente piccolo su scala maggiore, principalmente perché gli effetti misurabili nel mondo subatomico diventano così piccoli su scala, per esempio, umana, che non abbiamo un metodo per rilevarli. Ciò non toglie che a livello mentale possiamo ipotizzare che l'entanglement sia una proprietà applicabile anche su scala umana, per esempio al funzionamento della mente e della coscienza. Sono già stati scritti molti libri sull'argomento (puramente speculativi attualmente) sulle «entangled minds», e su altre possibili estensioni. Molta di questa speculazione deriva dal fatto che non siamo mai riusciti a trovare una spiegazione definitiva per quelli che vengono comunemente definiti *effetti paranormali*.

Immaginiamo quindi una serie infinita di particelle, attribuibili ad un genere singolo «A» e assolutamente distinguibile da tutti gli altri generi diversi da «A», in uno stato entangled, con un valore totale di 100. Adesso sostituiamo mentalmente la particella «A» con l'insieme di particelle che producono la consapevolezza della realtà nella mente dell'individuo «A».

E ripetiamo l'esperimento dell'incidente in autostrada. Quando l'incidente deve ancora avvenire, il self awareness factor di «A» sarà 100 meno «nA» *saf* (potenzialmente infinito), dove n è il numero degli alter-ego «A» nelle infinite linee di realtà.

Nell'istante dell'incidente, o probabilmente nell'attimo in cui «A» prende coscienza che è vivo e che «B» e «C» sono morti, nella linea di realtà di «A», tutti gli elementi diversi «A» perdono una quantità di *saf* in favore dei loro alter-ego negli altri universi, in quantità proporzionalmente maggiore più la loro esistenza è collegata con quella di «A».

La somma del self awareness factor di tutta la serie di «A» più tutta la serie di «n» diversi da «A» dovrà rimanere sempre immutata durante gli interscambi. In tutti gli universi di tutti i ricercatori possibili, di tutti gli spettatori possibili, il fattore di autocoscienza (il *saf*) si muove, si sposta istantaneamente come un insieme di particelle in stato di entanglement, non solo con i rispettivi alter-ego, ma anche in totale coordinazione con gli alter-ego di n infinite copie di osservatori.

Un bel casino, diciamolo chiaramente. Apparentemente però sembra che tutto potrebbe funzionare al meglio. Ma allora come fa un fattore di autocoscienza a passare da una dimensione all'altra? Lasciate che vi presenti a questo punto (per chi già non la conosce) una nuova ipotetica particella, chiamata il *gravitone*.

7.

GRAVITONE

Il gravitone è un'ipotetica particella elementare, responsabile della trasmissione della forza di gravità nei sistemi di gravità quantistica. Questa particella è prevista in diversi modelli teorici che mirano ad unificare i fenomeni gravitazionali con quelli quantistici, ma la sua esistenza non è ancora stata sperimentalmente verificata. Permettetemi di aggiungere che sono assolutamente convinto che sarà trovata molto presto. Secondo Lisa Randall, prima donna ad ottenere la cattedra di Fisica teorica alla Harvard University, i gravitoni sarebbero gli unici in grado di saltare da un universo all'altro. Ma solo alcuni riuscirebbero a visitare il nostro universo. Ecco perché la forza di gravità ci appare così debole, poiché sarebbe diluita su più universi, che la assorbirebbero come una spugna. I gravitoni in sostanza, si comporterebbero esattamente come l'ipotizzato self awareness factor (che ricordo è solamente un nome, ma potrebbe chiamarsi «consciousness particle», letteralmente «particella della coscienza»), ossia saltando da universi paralleli ad altri (o da linee di realtà ad altre) e sarebbero appunto diluiti su più linee di vita a seconda delle dinamiche che abbiamo visto ricercatore-osservatore, e con un legame di natura entangled, cioè assolutamente immediata.

Esattamente come la debolezza della forza del gravitone

fa si che non si sia ancora riusciti a scoprirlo, analogamente noi non riusciamo a cogliere alcun cambiamento di *saf* negli osservatori a noi vicini nella nostra linea di vita. Insomma, mia moglie oggi mi sembra sempre uguale a ieri, mia zia è sempre sorda e le persone che incontro per strada non mi sembrano affatto degli attori. Come abbiamo già ampiamente discusso prima circa il suicidio quantistico, il punto sta proprio nel trovare un modo protetto e circoscritto per trasformare una forza debolissima in qualcosa di misurabile. Si può davvero misurare quanto una persona sia reale (autocosciente) o meno? Ebbene sì, si può. Rimanderemo però ai prossimi capitoli, prima dobbiamo ancora verificare se veramente quando ad un bivio scegliamo la strada A, in un altro universo andiamo tranquillamente anche nella strada B. Preparatevi ad ascoltare i risultati di un esperimento chiamato «il bivio di Shoshone», che sono decisamente scioccanti. Prima però chiudiamo questo capitolo dedicato principalmente all'affermazione di apertura - *io non morirò mai* - per ipotizzare la sua veridicità anche nel caso più spinoso, ossia la morte per vecchiaia.

8.

IO NON MORIRÒ MAI (2)

Abbiamo visto che è tecnicamente possibile affermare che non esiste una vera prova del fatto che all'improvviso moriamo, ma quando andiamo a mettere la lente nel processo del lento decadimento del nostro corpo, che è strettamente legato alla dimensione temporale percepita, la cosa si complica e non di poco. È vero che la domanda - *sei mai morto di vecchiaia?* - otterrà la stessa risposta che abbiamo già analizzato prima, ossia no, ma il paradosso che implica la nascita di una nuova linea di realtà ogni volta che muoio di vecchiaia, qui non regge.

Robert Lanza (considerato uno dei maggiori scienziati viventi e fondatore del «biocentrismo»), riguardo la paura di morire per vecchiaia, direbbe - «È davvero possibile che tu ti possa trovare *per puro caso sul limite estremo dell'infinito* e che dietro di te ci sia tutta la tua vita?». Con un'approfondita analisi logica si potrebbe dedurre che il solo fatto che tu ti possa trovare sul ciglio esatto dove termina l'infinito (la tua vita), sia assolutamente improbabile. Questa logica da per scontato che il tempo e lo spazio siano solo costrutti utilizzati «temporaneamente» dalla mente, ma non esistano di fatto.

Io voglio però andare oltre questa argomentazione e vi invito ad immaginare questa scena: hai 97 anni e sei in un letto di ospedale, le tue funzioni vitali sono ormai irreversibilmente compromesse. Parenti e medici sono unicamente in attesa della tua morte, e vista la situazione, a questo punto, seppure tu non sia mai morto di vecchiaia, prendi coscienza di ciò che sta per avvenire e lo scenario diventa la tua assoluta verità. A convincerti di questo scenario c'é soprattutto il fatto che hai una piena consapevolezza di tutti i 97 anni passati, hai sentito negli anni la pelle invecchiare, i denti sgretolarsi, la muscolatura degenerare e in generale le tue forze vitali venire meno giorno dopo giorno.

Nulla potrebbe vietare in teoria che ogni mattina tu muoia in un universo e in un altro continui a vivere sempre più malato e stanco. Questo processo di creazione di nuovi universi e nuove linee di realtà potrebbe in effetti andare avanti all'infinito, ma non sarebbe né una soluzione elegante (intesa nella sua accezione matematica) né utile per te e per l'intero meccanismo. Un'ipotesi del genere finirebbe per generare una sorta di infinito magazzino o deposito di linee realtà arrivate ad un punto morto. Oltre a creare una sorta di conflitto concettuale con il fatto che ormai diamo per scontato che passato-presente-futuro siano un'unica cosa.

Per trovare una soluzione a questo scenario che fosse compatibile con tutto quanto abbiamo discusso fino ad ora, mi sono rivolto a quanto già sappiamo di basilare sul funzionamento della natura, in particolare sulla nascita, sulla morte e sulla conservazione dell'energia. Il nostro corpo emette energia e calore finché resta in vita, poi quando non circola più il sangue, comincia lentamente a perdere il suo tipico colore vitale e diventa scuro.

Questa sequenza di eventi è molto simile a quello che accade alle stelle durante il loro ciclo vitale. Secondo i modelli scientifici attuali, l'evoluzione, l'esito finale e la morte delle stelle dipende dalla loro massa: sostanzialmente si dividono le stelle tra quelle con masse superiori o inferiori ad otto masse solari e quelle con massa compresa tra 0,08 e 0,5 masse solari. Ricordiamo però che queste ipotesi sono basate su modelli matematici e non sull'esperienza e sull'osservazione, in quanto le stelle vivono mediamente centinaia e migliaia di milioni di anni (a seconda della massa e delle fasi), quindi decisamente più di noi esseri umani, del nostro pianeta o del nostro sistema solare. Quando le stelle esauriscono il carburante, collassano progressivamente fino a dare vita prima ad una nana bianca, poi - all'ultimo stadio - ad una nana nera. Questo però non vale (nei modelli predittivi) per le stelle con masse superiori a 8 masse solari. In questi casi, dopo il collasso, si genera un'esplosione talmente elevata che da origine al fenomeno chiamato nucleosintesi delle supernovae. L'esplosione delle supernovae le spara letteralmente nello spazio, ma lascia un nucleo residuo che, in alcuni casi (massa del residuo composta tra 1,4 e 3,8 masse solari) collassa ancora in quella che viene definita la stella di neutroni, o pulsar. Infine, se questa massa residua è superiore a 3,8 masse solari, nessuna forza è più in grado di contrastare il collasso gravitazionale ed il nucleo collassa ancora fino ad originare così un buco nero.

Ora, dimentichiamoci per un momento di tutti i distinguo relativi al destino delle stelle in base al rapporto con la massa solare, la cui affidabilità per altro non è elevatissima, e consideriamo come epilogo finale di una stella sempre quella relativa al passaggio da pulsar a buco nero.

Sappiamo che l'interno dei buchi neri esercitano un'attrazione gravitazionale così elevata che nemmeno la luce riesce a sfuggire (da qui ne deriva il nome *neri*) e che la superficie limite al di là della quale tali fenomeni avvengono è detta «orizzonte degli eventi». Definita, in fisica, anche come la superficie limite oltre la quale nessun evento può influenzare un osservatore esterno. Dall'interno di un buco nero non può quindi uscire alcuna informazione che possa dire alcunché sulla sua struttura intima, ad eccezione, secondo l'attuale teoria di riferimento, della gravità quantistica. In realtà, proprio a metà agosto del 2016, è stato pubblicato su *Nature Physics* uno studio che annuncia l'osservazione – seppur in un sistema ricreato *ad hoc* in laboratorio – di un effetto analogo all'emissione di particelle da parte di un buco nero. Questo effetto sarebbe forse la prova dell'esistenza della radiazione di Hawking (chiamata così perché ipotizzata dal famoso fisico Stephen Hawking nel 1974, quando dimostrò come gli effetti quantistici consentano ai buchi neri di emettere una radiazione).

Tornando invece al nostro paradosso (*black hole information paradox*) creato della perdita dell'informazione all'interno del buco nero (che violerebbe il primo principio della termodinamica), è stata introdotta - per porvi rimedio - una variante della teoria olografica adattata ai buchi neri che comporta che il contenuto informativo caduto nel buco nero sia interamente conservato in corrispondenza dell'orizzonte degli eventi. L'informazione sarebbe insomma spalmata tutta sull'orizzonte degli eventi in una sorta di fotografia bidimensionale che contiene tutto, presente passato futuro.

E il tempo? Questa è la domanda chiave per trovare una possibile risposta alla nostra domanda iniziale («Ho 97 anni, sto per morire, o no?»). Gli eventi, nelle vicinanze del buco nero, trascorrono in tempi sempre più lunghi, se visti da un osservatore posto molto distante. Al limite, in corrispondenza dell'orizzonte degli eventi, la lunghezza d'onda della luce diventa infinitamente grande: gli eventi sono congelati, il tempo si ferma, come se tutto fosse stato congelato nel «tempo».

Tutto ciò che accade entro l'orizzonte degli eventi resterà inaccessibile all'osservatore esterno. Viceversa un osservatore piazzato sull'orizzonte degli eventi vedrebbe gli eventi esterni evolvere a velocità infinita.

Nel classico «paradosso dell'astronauta», questo, che vede l'accaduto (l'accaduto è l'altro astronauta che entra nel buco nero), essendo all'interno del proprio sistema di riferimento, non percepisce nulla di ciò. Torniamo velocemente all'interno della stanza d'ospedale, e rivediamo il tutto considerando però i due diversi sistemi di riferimento entro cui questo evento sta evolvendosi: il tuo, che sei il 97 enne che sta morendo, e quello dei parenti e dottori che invece «osservano».

Tu che stai percependo l'arrivo della tua morte sei in effetti come l'astronauta che entra nel buco nero e vive in un tempo congelato dove tutta la tua informazione si freeza nel tempo, mentre i parenti sono all'interno di un diverso sistema di riferimento e vedranno in un attimo velocissimo la tua stessa morte.

In questo caso, avremo solo «1» extra universo in cui il tempo e l'informazione di chi sta morendo si congela per sempre, un secondo universo nella linea temporale dei parenti (che celebreranno la morte) e un terzo universo dove va a finire la gravità quantistica, ossia il nostro self awareness factor (o particella della coscienza). Quindi, riassumendo, tutto viene conservato e ognuno rimane all'interno del proprio sistema o linea di realtà. Dal tuo punto vista tu non percepirai però di essere finito dentro una fotografia statica della tua morte circondato da tutti i momenti della tua vita passata, ma la tua percezione, che è unicamente legata alla quantità o percentuale di *saf*, potrà sfuggire all'orizzonte degli eventi per andare, esattamente come abbiamo visto prima, spalmata su tutti i tuoi alter-ego possibili. È sì vero che la tua morte è situata all'interno del tuo tempo di riferimento ma è altresì vero che passato-presente-futuro coincidono e coesistono all'unisono in tutte le forme possibili, per cui, mentre tu percepisci la tua morte, i tuoi alter-ego stanno facendo tutt'altro! Stai nascendo, stai pescando, stai baciando o stai per creare un'altra linea temporale perché stai per morire in un incidente d'auto a soli diciotto anni. L'eternità, infatti, non corrisponde ad una sequenza temporale senza limiti. È piuttosto qualcosa che risiede al di fuori del tempo. Quando un corpo muore, questo evento non accade nel flusso casuale, ma nella matrice della vita dove tutto è immobile. La sensazione di «essere vivi», di sentirsi «sé», per quanto ne sappia finora la scienza, è *«una spumeggiante fontana neurolettica»* che funziona più o meno con cento watt di energia, più o meno quelli di una lampadina.

Dal tuo punto di riferimento, la tua coscienza non percepisce la sopraggiunta morte ma, senza discontinuità, continuerà a percepire di vivere in un alter-ego, portando però con sé tutta l'informazione congelata.

Questa parte, relativa all'informazione olografica che segue la particella della coscienza, è fondamentale per comprendere una parte dell'esperimento del bivio di Shoshone, che stiamo per vedere. La mappa dove viene conservata tutta l'informazione relativa al 100% del *saf* è la chiave per poter sperimentare. Non è importante che siate o meno convinti in questo momento delle similitudini tra le stelle morenti e la morte naturale del 97 enne, né tanto meno dell'affermazione iniziale («io non morirò mai»). Sono solo, se volete, esperimenti mentali. Chiudo qui questo capitolo con una frase rubata allo scrittore-sperimentatore William Burroughs - *nulla è vero, tutto è permesso* («nothing is true, everything is permitted»).

PARTE II

LE LINEE DI REALTÀ

1.

L'ESPERIMENTO DEL BIVIO DI SHOSHONE (1)

L'esperimento del bivio nasce come una versione estremamente semplificata dell'originario esperimento della macchina generatrice di linee di realtà. L'intento originario della macchina generatrice di linee di realtà era quello di mettere sotto strettissimo controllo una serie di macchinari che gestivano la creazione e l'output finale di possibili outcomes della realtà, per arrivare il più vicino possibile all'attimo cruciale in cui l'universo, potenzialmente, si divide per creare una nuova linea della realtà. Entrambi questi due esperimenti sono figli del noto esperimento della doppia fenditura su cui si basa più o meno tutta la meccanica quantistica (*Richard Feynman* era solito ripetere che il cuore della meccanica quantistica può essere intuito riflettendo su questo esperimento). Per non perdere la vostra attenzione sull'esperimento del bivio, devo lasciare a voi l'approfondimento su altri testi. Ma cosa emerge dunque di così sconvolgente quando si spara un fascio di fotoni verso una barriera con una doppia fenditura situata davanti ad una lastra fotografica?

2.

L'ESPERIMENTO DELLA DOPPIA FENDITURA

I risultati dell'esperimento della doppia fenditura dimostrano, senza possibilità di errore, che finché il fotone non viene rilevato sul bersaglio, esso non si trova mai in un punto preciso dello spazio, ma esiste in uno stato potenziale astratto (con un livello di probabilità alta o bassa, ma indeterminato).

Quando osserviamo e scegliamo uno specifico risultato, tutte le altre possibilità diventano incoerenti (la funzione d'onda collassa) rispetto a ciò che vediamo e si auto-escludono. Tradotto in modo ancora più comprensibile, significa che il fotone è presente in qualunque posizione (di qualunque universo) finché non lo si guarda (misura), a quel punto tutti gli alter-ego del fotone svaniscono, e se ne manifesta uno solo (in questo universo, in questa linea di realtà). La domanda che fece (e fa ancora) letteralmente impazzire la comunità scientifica è semplice: dov'era la particella prima che ne misurassi la posizione?

La famosa *interpretazione* di Copenaghen cercò appunto di dare un senso al concetto di collasso, osservatore ed indeterminismo del mondo. Come avrete notato, ho usato espressamente il termine alter-ego del fotone, perché stiamo per entrare adesso in un terreno assolutamente ignoto, dove si tenta di comprendere se il comportamento dei fotoni sia replicabile su una scala, su un sistema di riferimento estremamente più grande: l'essere umano. Il problema principale, quando si affronta un salto così radicale, è l'isolamento del sistema: quando spariamo un fotone possiamo fare in modo che questo non interagisca con il mondo circostante, ma se spariamo un essere umano verso le fenditure è decisamente azzardato aspettarsi di fotografarne due, mentre è facile che lo troveremo spiaccicato nella barriera tra le due fenditure.

L'altro grosso problema è che, oltre alle interferenze esterne, abbiamo l'interferenza della mente (sarebbe meglio dire «della coscienza»). Ammettiamo che trovassimo 3 candidati umani assolutamente affidabili a cui dare una semplicissima istruzione, ad esempio «cammina da qui fino alla lastra fotografica e passa attraverso una qualsiasi delle due fenditure», non potremo mai avere la certezza che il candidato porterà a termine l'esperimento. Esso potrà infatti fermarsi a metà strada e tornare indietro, e non è importante tanto il fatto che lo faccia o meno, ma il punto è che potrebbe farlo. L'esistenza della sola possibilità (che implica la *nascita* di una probabilità matematica) inficia di per sé l'esperimento.

La coscienza deve essere inclusa nell'esperimento, ma come?

3.

LA MACCHINA GENERATRICE DI LINEE DI REALTÀ

Torniamo alla macchina generatrice di linee di realtà, cos'era dunque? Sostanzialmente una complessa struttura ad ingranaggi della dimensione di due campi da calcio, circa 200 metri per 300, le cui parti eseguivano delle rotazioni di 360 gradi e salivano e scendevano su 4 livelli, a seconda delle decisioni prese, in assoluta autonomia, dai soggetti che partecipavano all'esperimento. L'intera struttura era alimentata con linee energetiche diverse, che a loro volta erano influenzate dal calore emesso dai soggetti durante le scelte. Le scelte erano delle porte da aprire che portavano a contenitori che potevano salire, scendere, ruotare meccanicamente, secondo un algoritmo predefinito. Il codice informatico che gestiva tutti i movimenti possibili era una specie codice di indeterminazione ristretto, che a sua volta decideva cosa fare in base a tutte le possibili, potenziali scelte dei soggetti e, per una piccola parte, al livello della temperatura dei singoli soggetti e di tutto il sistema.

Tutta la procedura era gestita in modo che, una volta iniziato l'esperimento, esso doveva per forza dare un esito: una volta sfiorata una porta questa si apriva da sola e anche se il soggetto rimaneva fermo, dopo 60 secondi, una barriera spingeva inesorabilmente il soggetto oltre la porta. Le fotocellule innescavano delle barriere che sigillavano ogni contenitore subito dopo, in modo che il soggetto potesse solo procedere in avanti, che lo volesse o meno. Ad esempio, se in un contenitore c'erano due porte e il soggetto non si muoveva, dopo 10 minuti la barriera dietro a quest'ultimo lo forzava ad avanzare, e anche se esso si rifiutava di fare una scelta (aprire la porta A o B), c'erano dei rilevatori molto precisi che ad un certo punto aprivano A o B in base alla posizione del corpo del soggetto (evitando quindi che venisse spappolato). Tutti questi rilevatori e fotocellule erano anch'essi influenzati dal calore e da altre variabili che potevano cambiare durante tutto l'esperimento.

Il classico esperimento della macchina generatrice di linee di realtà era composto da 6 soggetti che partecipavano all'unisono. Non venivano mai fatti incontrare né veniva loro detto che si trattava di un particolare esperimento, né che vi erano altre persone coinvolte. A seconda delle scelte di tutti i 6 soggetti all'interno della macchina, la struttura si muoveva in varie configurazioni che alla fine potevano portare i 6 soggetti su 6 uscite diverse o avere 2 soggetti, al massimo, sulla stessa uscita.

All'inizio dell'esperimento tutti e 6 i soggetti avevano la stessa probabilità del 16.6 % di finire o nell'uscita da soli o con chiunque degli altri 5. Ad ogni compartimento che passavano (a seconda della porta aperta, o della velocità con cui decidevano) questa probabilità cambiava per tutti per ciascuno degli esiti: in un server a parte veniva gestito il ricalcolo delle probabilità e veniva influenzato l'algoritmo che faceva muovere tutta la struttura. Gli sperimentatori erano interessati solo a delle configurazioni critiche che alzavano, subito prima che l'ultima scelta venisse effettuata, la probabilità che un soggetto «A» finisse per uscire dalla struttura insieme al soggetto «B» fino al 95% e solo al 5 % che il soggetto «A» uscisse da solo. Nell'ultimo contenitore potevano infatti essere presenti 10 porte, e solo in casi molto rari, 9 di queste avevano lo stesso outcome verso la stessa uscita. Un po' come per la ricerca del Bosone al CERN, anche in questo esperimento, non si sarebbe fatto altro per mesi interi che provare a ottenere quella rarissima configurazione. L'unico esito che interessava al fine dell'esperimento era che il soggetto «A», una volta entrato nella configurazione che aveva il 95% di farlo uscire con «B», scegliesse invece proprio la porta che lo faceva uscire da solo, all'interno del 5% di probabilità. La prima bozza concettuale della macchina generatrice di linee di realtà prevedeva una struttura immensamente più grande, larga quasi 1 km quadrato, e solo 2 soggetti, e quella probabilità era in effetti, invece che del 5%, dello 0,05%. Ma cosa significa quel 5% (o il vecchio 0,05%)? Significa che una determinata linea di realtà diventa così probabile (con una probabilità del 99,95 %) che nonostante non si verifichi in quella linea di realtà lasci però una specie di macchia in quella stessa linea di realtà. Una macchia che solo un particolare tipo di rilevatore potrebbe trovare. Concettualmente simili, ma sostanzialmente diversi dai rivelatori usati nei moderni acceleratori di particelle. In che senso? Ammettiamo di trovarci nella configurazione in cui, nonostante la scarsa probabilità del 0,05%, il soggetto esce dal macchinario (nel senso che non è più vincolato dalle scelte obbligate al suo interno) da solo. Quel 99,95% di probabilità, che esisteva fino a pochissimi secondi prima, che fine fa? Sparisce? Gli sperimentatori che hanno ideato questa macchina, credono che quel 99,95% di probabilità che «A» uscisse insieme a «B» dia una forza così elevata ad una linea di realtà che, quando decade (collassa), si liberi una piccola porzione di *saf* (o consciousness particle) di cui rimarrà un riflesso anche sulla linea di realtà in cui «A» esce da solo. Un riflesso indagabile e rintracciabile attraverso speciali tecniche simili ai rilevatori degli acceleratori. Detto proprio nel modo più semplice possibile, gli sperimentatori credono che in quella linea di realtà che aveva solo lo 0,05% di probabilità di accadere ci sia traccia anche dell'outcome in cui «A» esce con «B» (che aveva invece il 99,95% di probabilità). Quindi, dopo l'esito dell'esperimento, gli sperimentatori devono trovare il modo di chiedere a John («A»), nel modo appropriato, se ha mai *visto* Mary («B»). Se gli sperimentatori troveranno nascosta dentro John la prova che l'idea di Mary (la sua immagine) ha una correlazione con qualcosa, allora avranno rilevato il loro bosone, ossia la particella di coscienza. Ricordate il film Inception di Christopher Nolan dove Di Caprio deve scendere nei livelli del sogno per innestare un'idea nella mente di Robert Fischer? Ecco, i nostri sperimentatori credono che quel 99,95% di probabilità, finirà per innestare nella mente di «A» l'idea di «B». Quello che sembra già complesso di per sé (la gestione del macchinario e l'esito dell'esperimento), non è però che l'inizio, in quanto adesso gli sperimentatori (che danno per scontato di aver impiantato l'idea) devono costruire un secondo esperimento per estrarla. A questo punto forse vi siete persi per strada e qualcuno di voi si starà domandando - cosa c'entra Inception con il multiverso? Mettiamola giù molto semplice: se gli sperimentatori troveranno traccia di «B» in «A», sarà stata trovata una prova assolutamente certa dell'interpretazione a molti mondi (Many Worlds Interpretation) della meccanica quantistica, e cioè che ogni volta che facciamo una scelta l'universo si divide. Ed oltre a ciò, sarà provato anche che tutti gli universi-osservatori sono collegati tramite un'unica coscienza che varia nei vari alter-ego (self awareness factor). Quando stavamo costruendo concettualmente l'esperimento della macchina generatrice di linee di realtà, un mio collega mi chiese - *Come hai intenzione di trovare traccia di «B» (Mary) in «A» (John)?* Essendo principalmente focalizzato a trovare i fondi per costruire il macchinario, al massimo i miei pensieri erano rivolti a come avremo generato quel 99,95% di probabilità e con quanti soggetti, durante chissà quante serie di esperimenti. Risposi semplicemente così - *Mostreremo a John 49 fotografie di persone a caso mischiate alla foto di Mary, e gli chiederemo di sceglierne una sola attraverso un criterio di familiarità, oppure faremo dare a tutte le 50 foto un punteggio di familiarità da 1 a 5.* Concettualmente, in un mondo idilliaco di robot semi-coscienti, avremo potuto tranquillamente ottenere un risultato decente, ma il fatto è che quando hai a che fare con gli umani, non sai mai esattamente quale parte del complesso «mente-cervello-coscienza» sta compiendo la scelta, né chi/cosa sta ostacolando, offuscando le altre scelte disponibili. Una volta mi trovavo in un bar con un amico che stava insistentemente adocchiando una ragazza seduta ad un tavolo con un'amica. Era una ragazza davvero molto carina, mentre l'amica era decisamente meno attraente. Il mio amico partì deciso con l'intenzione d'offrire un drink alla ragazza (al mio amico erano rimasti i soldi per un solo drink), ma dopo qualche minuto, mi resi conto che aveva invece offerto da bere all'altra ragazza, e non solo, parlava unicamente con questa. Quando tornò gli chiesi perché aveva cambiato idea e lui mi rispose - *ma non ho cambiato idea!* Ma allora chi aveva deciso al suo posto? Benvenuti nei meandri della mente, dove tutto ciò che appare, che è osservabile, non è quasi mai la realtà. Non staremo a scomodare Sigmund Freud, sapete ormai tutti come funziona (o si suppone che funzioni) la nostra mente, e delle guerre intestine tra l'es, l'io e il superio per emergere, e poi di nuovo ricombattere contro pulsioni e principi dai nomi esotici e macabri. Ora, in uno scenario del genere, come potremo avere la speranza d'ottenere una risposta onesta dai nostri soggetti? Se non sceglieranno la foto di Mary, dovremmo dedurre che l'esperimento è fallito o invece che i soggetti semplicemente stanno mentendo? (ovviamente senza saperlo, proprio come il mio amico al bar!). Era chiaro dunque che per estrarre l'idea di «B» da «A» avremo dovuto escogitare qualcosa di speciale. Qualcuno suggerì l'ipnosi, e altri metodi non convenzionali, che scartai subito unicamente per il fatto che sarebbero state ulteriori intromissioni nelle linee di realtà: noi dovevamo «toccare» il meno possibile i nostri soggetti.

Questo fatto, insieme allo sconforto che seguì l'ennesimo rifiuto del finanziamento per la struttura (era stato respinto quattro volte), ci fece propendere per una drastica virata verso l'esperimento del bivio di Shoshone.

4.

L'ESPERIMENTO DEL BIVIO DI SHOSHONE (2)

Venne fuori il nome di Shoshone in modo del tutto casuale, anche se – come vedremo nei prossimi capitoli – la casualità potrebbe essere essa stessa un'illusione. Shoshone non aveva però apparentemente nessun nesso logico con l'oggetto d'indagine: il rapporto tra il fattore di autocoscienza e l'interpretazione a molti mondi della meccanica quantistica. In questo specifico esperimento avevamo deciso di puntare più sulla qualità dell'idea da innestare che sulla generazione di *potenziali* eventi con altissime probabilità di verificarsi. Investivamo su Mary dunque. Avremo ridotto drasticamente la probabilità dell'evento dal 99,95 ad un misero 50% ed avremo aumentato però l'estensione della macchia da lasciare nel 50% di linea di realtà che ci interessava. Avremo puntato forte sul subconscio, immaginando che fosse principalmente questo ad essere collegato con il fattore di autocoscienza. Avremo creato una specie di trauma con la speranza che questo si sarebbe radicato nel subconscio. Ovviamente, come vi ho spiegato prima per l'esperimento della macchina generatrice di linee di realtà, noi eravamo interessati a quel 50% che non viveva il trauma, non ci interessava l'altra metà per cui l'evento si manifestava realmente.

Eticamente non stavamo messi proprio bene, perché

l'unica possibilità di riuscita dell'esperimento stava nel fatto che il trauma doveva avvenire per forza, non potevamo bloccare l'esperimento solo perché il soggetto che stava per vivere il trauma non faceva parte del campione di controllo. Avremo in seguito «testato» solo chi «non» subiva il trauma. Riepiloghiamo: nella strada 1 non c'era il trauma, nella strada 2 c'era il trauma, noi avremo inserito nel gruppo di controllo solo chi percorreva la strada 1. Qualcuno potrebbe obiettare - «*perché non bloccavate l'esperimento ogni volta che il soggetto andava verso la strada 2? E ricominciavate da capo, tanto non lo avreste testato*». Ve la metto in questo modo: diciamo che l'evento che scatena il trauma è congeniato in modo che se il soggetto percorre la strada 2, questo avviene con una probabilità del 100% (a titolo di esempio). Quindi quando il soggetto sta per decidere se andare in 1 o 2, l'evento «trauma» continua ad essere indeterminato al 50%, e diventa 100% nel punto esatto di non ritorno in 2. Se noi osservatori-sperimentatori avessimo la possibilità di fermare l'evento trauma (diciamo con un bottone su un telecomando), il solo averne la facoltà farebbe crollare quel 50% di probabilità fino a 0 (il che vuol dire metaforicamente «spaventare Dio» e farlo ritornare ad uno stato totalmente «indeterminato»). Che noi lo facciamo o meno, il solo fatto che sia nelle nostre disponibilità, inficia l'esperimento. Ecco il motivo per cui non possiamo bloccare il trauma dal verificarsi, non tanto perché non possiamo fermare il soggetto che va verso 2, ma perché, se il soggetto va verso 1 (la posizione che ci interessa), anche in quel caso la probabilità scende a 0 e quindi, mettendola sempre alla Inception, l'idea non si impianta.

Ah, per chiunque se lo stia chiedendo, questa non è science fiction, ma probabilmente il germoglio di una scienza del futuro.

5.

MIND OVER MATTER

Se nutrite ancora degli specifici dubbi di natura scientifica su tutta l'argomentazione, o specificatamente sull'idea del trauma legato all'esperimento di Shoshone, o sul ruolo del subconscio, lasciatemi allora fare l'ennesimo *twist* per parlarvi a questo punto del *Random Event Generators Electrogaiagrams* (EGGs) che è gestito all'interno del Global Consciousness Project (GCP). Si tratta di un chiaro esperimento all'interno del campo di ricerca borderline che si può generalmente chiamare *Mind over matter* (il predominio della mente sulla materia).

Il Progetto coscienza globale (GCP, chiamato anche il progetto EGG) è un esperimento di parapsicologia iniziato nel 1998 come un tentativo di individuare possibili interazioni di «coscienza globale» con i sistemi fisici. Il progetto controlla una rete distribuita geograficamente di hardware generatori di numeri casuali, nel tentativo di identificare le uscite anomale che sono correlate alle diffuse reazioni emotive alla serie di eventi mondiali, o periodi di attenzione focalizzata da un gran numero di persone. Il GCP è finanziata privatamente attraverso l'Istituto di Scienze Noetiche ed è una collaborazione internazionale di circa 100 ricercatori e tecnici.

Roger D. Nelson ha sviluppato il progetto come un'estrapolazione di due decenni di esperimenti del controverso Princeton Engineering Anomalies Research Lab (PEAR). Sostanzialmente, vengono utilizzate delle macchine che generano numeri casuali (chiamate FieldRef) per ottenere una grande mole di dati che vengono poi esaminati nei momenti prima, durante e dopo i cosiddetti eventi di gruppo altamente mirati e coerenti. La macchina in realtà non fa altro che «lanciare una monetina», milioni di volte al minuto, fornendo il risultato, testa o croce, rappresentato da zero e da uno su un grafico. La scommessa alla base dell'esperimento era alquanto azzardata: scoprire se esista o meno un collegamento inconscio dell'umanità ad una «mente collettiva». Se tante persone si concentrassero su un unico pensiero o stato d'animo, potrebbe questa convergenza mentale fare cambiare l'ordine di uscita dei numeri dal computer? Come al solito, lascerò a voi il compito di approfondire, ma prima di andare avanti con il bivio di Shoshone, lasciatemi solo elencarvi gli stupefacenti risultati ottenuti dal PEAR in corrispondenza dell'11 settembre del 2001, in prossimità dell'attacco alle torri gemelle. I dati raccolti dimostrerebbero non solo che durante l'attacco dell'11 settembre c'é stata una deviazione dei dati che non era mai stata registrata prima, fatto già di per sé sconvolgente, ma addirittura che l'apparecchio avrebbe predetto il futuro! Infatti i numeri cominciarono a cambiare già 4 ore prima dell'attentato, e poco prima che il primo aereo si schiantasse sulla torre, la deviazione assunse uno dei picchi più alti: ma l'evento non si era ancora verificato!

Siccome queste deviazioni, comparate al valore più o meno standard degli anni prima, sono state così incredibilmente marcate, ne è conseguito che ben 75 scienziati di diverse discipline e provenienti da tutto il mondo (41 nazioni), si sono recati a Princeton per prendere parte allo studio, che è al momento il più lungo mai condotto sul paranormale.

Ma ogni apparecchio elettronico è in realtà un potenziale generatore automatico d'eventi. Già nei primi anni 70, il fisico e parapsicologo tedesco Helmut Schmidt (riprendendo un esperimento ancora più vecchio sui dadi da gioco) aveva portato avanti una serie di esperimenti pionieristici sulla precognizione e la psicocinesi. Anche in questo caso, Schmidt usava dei generatori automatici di numeri (o eventi) per indagare gli effetti della coscienza umana sui macchinari (esperimenti che oggi chiameremo genericamente del tipo *mind over matter*, ossia mente che controlla la materia). Il macchinario di Schmidt era composto da un cerchio fatto di lucine che si accendevano una dopo l'altra in un senso o nell'altro. Attraverso un attività radioattiva che attivava una particolare frequenza sonora, che a sua volta accendeva una luce verde o una rossa, Schmidt aveva in realtà costruito il primo rudimentale generatore elettronico d'eventi (gli eventi erano sempre di tipo binario: 1 o 0). Lo scopo dell'esperimento era quello di verificare se i soggetti fossero in grado di condizionare con la mente l'ordine d'accensione delle luci (in senso orario o antiorario), per produrre più eventi 1 piuttosto che eventi 0. I risultati, come spesso accade in questi casi, riportarono semplicemente una piccola differenza (dell'1-2 %) rispetto alla media casuale su un gran numero di tentativi senza l'intervento della mente umana. Questi risultati furono considerati da Schmidt abbastanza significativi per affermare che i suoi soggetti stavano realmente influenzando l'ordine d'accensione delle luci attraverso la focalizzazione sulla previsione di una particolare direzione d'accensione della luce. Schmidt, che lavorava per Boeing, portò i risultati all'azienda costruttrice di aeroplani, sostenendo che la mente del pilota potesse pericolosamente interagire con le apparecchiature elettroniche a bordo, modificandone il funzionamento.

La Boeing abbandonò la ricerca, ma nel 1979 venne fondato appunto il Pear Laboratory alla Princeton University. Al Pear Laboratory si indaga su larga scala su questi fenomeni di psicocinesi, usando diversi tipi di strumenti e contesti, ma sempre con lo scopo di verificare se la mente riesce a spostare gli equilibri della casualità statistica. Dopo 25 anni di ricerche ed esperimenti, al Pear Laboratory sono convinti che questo effetto esiste, e che gli eventi non sono condizionati dalla parte cosciente della mente ma dalla parte inconscia o subconscia. Questa sconvolgente conclusione sarà determinante per tutte future ricerche, e per quello che ci riguarda da vicino, sarà fondamentale per capire molti degli argomenti di cui parleremo più avanti (per esempio le tecniche per modificare la realtà).

Per studiare da vicino l'effetto del subconscio sulla materia, il parapsicologo francese René Peoc'h creò un esperimento con un piccolo robot che era comandato e alimentato da un random event generator. Il soggetto veniva portato in una stanza, e quando si addormentava nel lettino, si faceva entrare il robottino per vedere se il subconscio, durante il sonno, potesse influenzare il movimento del robot, in particolare facendolo allontanare dal lettino quando si avvicinava troppo. Il risultato fu stupefacente: la mente inconscia condizionava la generazione causale d'eventi che alimentava il robot, facendolo cambiare direzione. I grafici di movimento del robot mostravano, senza alcun dubbio, che c'era una differenza notevole tra quelli senza l'uomo, e quelli con il soggetto addormentato nella stanza.

A conclusione di questo viaggio tra le sperimentazioni

borderline, vi citerò infine la controversa teoria sulla memoria dell'acqua del ricercatore giapponese Masaru Emoto, morto poco tempo fa, nel 2014. Nei suoi libri (pubblicati dal 1999 in poi), Emoto sostiene, documentando con innumerevoli fotografie, che vi sarebbe una relazione tra i pensieri umani ed i vari stati di temperatura dell'acqua. In pratica, congelando l'acqua ed esaminando al microscopio i cristalli che si formano, Emoto avrebbe scoperto che questi cristalli assumerebbero una forma armonicamente simmetrica o, al contrario, caotica e disordinata, in conseguenza dell'intenzione energetica a cui sarebbero esposti; Questa intenzione creata dall'uomo può essere un suono (voce e musica), la parola scritta (etichette applicata, lettere) o il solo pensiero. Le fotografie dei cristalli scattate da Emoto sono davvero sorprendenti (le potete trovare ovunque), e mostrerebbero una strettissima correlazione tra le forme più simmetriche ed eleganti e certi tipi di pensieri o intenzioni. Questi risultati (che naturalmente sono oggetto di numerose controversie) non solo dimostrerebbero ancora una volta la strettissima correlazione mente-materia, ma forse anche (per la prima volta) il rapporto tra forme armoniche della materia e tipo di frequenza dell'intenzione, sia essa scritta, parlata o generata dal pensiero. I pensieri positivi (amore, gratitudine, preghiere, fortuna, pace, ecc) creerebbero cristalli simmetrici ed eleganti; pensieri negativi (morte, uccidere, invidia, ecc) cristalli deformi e per lo più irriconoscibili.

Parleremo ancora del rapporto intenzione-materia più in là nel libro, quando analizzeremo l'intenzione nel reality transurfing.

6.

L'ESPERIMENTO DEL BIVIO DI SHOSHONE (3)

Torniamo dunque a Shoshone. Il concetto di random event generator che abbiamo visto all'opera al Pear, è strettamente collegato con l'esperimento del bivio di Shoshone, almeno per tre motivi: l'idea del trauma (tragedia dell'11 settembre), l'idea dell'inconscio e l'idea legata alla predizione (il picco avvenuto prima dell'evento).

La predizione: in questa prima parte del libro abbiamo più volte ipotizzato che passato, presente e futuro potrebbero coincidere. Se ciò fosse vero, l'evento dell'11 settembre 2011 era in realtà già avvenuto, e sarebbe solo un pezzo dell'informazione congelata nel tempo. Ma avvenuto quando? Ma da sempre! Esattamente come tutte le varianti dell'11 settembre (solo il primo aereo colpisce la torre del WTC, mentre il secondo si schianta sul Brooklyn Bridge e il terzo atterra su un campo di grano, eccetera). Analogamente, il nostro soggetto «A» va sia nella strada 1 che nella 2, principalmente perché ancora prima che ci vada in 1 o 2 - mentre noi lo osserviamo in questa linea di realtà - è già stato sia in 1 che in 2, e potenzialmente «ovunque».

Quando diciamo che «tutto è già avvenuto da sempre», stiamo sostanzialmente estendendo i risultati dell'esperimento della doppia fenditura a tutta la realtà: la differenza tra un fatto avvenuto, un evento realizzatosi, e uno che non si è mai manifestato, o non ancora manifestato, è sottilissima. Se immaginiamo tutta la realtà come una manifestazione dell'informazione che esiste in uno stato di «quiete» indeterminato, allora gli elementi informativi di tutto il moto della materia sono già a disposizione: ciò che scatena la manifestazione dell'evento «A» piuttosto che «B», è l'atto di coscienza che illumina certe informazioni piuttosto che altre. Ciò avviene assolutamente anche (e soprattutto) tramite l'interazione con la parte inconscia: infatti l'idea del «trauma» e quella dell'inconscio sono strettamente legate nel nostro esperimento. Ricordate l'esperimento della macchina generatrice di linee di realtà? In quel caso noi lavoravamo su alte probabilità e sugli eventi, ma l'outcome che non si realizzava (uscita nella stessa camera di Mary) non era psicologicamente caricato per ottenere un effetto sull'inconscio, ma era piuttosto la probabilità dell'evento che doveva vincere sull'emozionalità dell'evento stesso.

Non fu però in realtà l'esperimento di Princeton a farci spostare il focus sull'emotività e l'inconscio ma, come vi ho già detto, fu meramente una questione finanziaria. Certamente i risultati di Nelson avevano confortato tutti coloro che stavano intraprendendo degli studi pionieristici in materia, ma lasciarono anche delle perplessità: l'unico dato effettivamente interessante si era verificato durante una tragedia sconvolgente che aveva coinvolto emotivamente milioni e milioni di persone. Un mio collega, dopo aver letto dei risultati di Nelson, mi disse - *Hai intenzione di fare schiantare tre jet di linea nella strada 2 ogni volta che il soggetto sceglie la 2?*

In realtà non eravamo preoccupati più di tanto perché noi non usavamo un generatore di numeri casuali né misuravamo la coscienza globale. Noi giocavamo sulle probabilità degli eventi, sui sistemi isolati e su un singolo individuo. Era un altro esperimento, e l'oggetto d'indagine era, per taluni versi, radicalmente diverso. Ecco esattamente cosa facemmo.

Individuammo innanzitutto un'area tranquilla in una periferia, dove avremo potuto asfaltare una strada da zero in prossimità di un'arteria extraurbana che collegava due centri medio-piccoli.

Non avevamo alcuna autorizzazione, né per asfaltare una strada né per fare un esperimento. Né, tantomeno, avevamo chiesto ai soggetti di partecipare ad un esperimento. L'esito dell'esperimento era vincolato, tra le altre cose, proprio all'inconsapevolezza di chi vi entrava a farne parte.

Esaminammo circa un centinaio di aeree fino a che trovammo un posto perfetto: non solo era una zona davvero poco frequentata (era vicino ad una strada interstatale che era stata superata da un'autostrada, però non era stata ancora del tutto dismessa), ma - lo scoprimmo dopo aver interrogato un buon numero di guidatori che si fermavano ad una vecchia stazione in disuso - era mediamente percorsa da conducenti inesperti in transito verso l'altro *Stato* (come guidatori che avevano sbagliato strada ed erano usciti erroneamente dalla interstatale).

Ci trovavamo quindi in presenza di candidati ideali che, non avendo mai percorso prima quella strada, non avrebbero smascherato immediatamente l'inganno del nostro finto bivio artificiale.

Asfaltammo quindi circa 1 km di strada parallelamente a questa corsia extraurbana a senso unico, ma senza ancora collegarla. Alla fine del primo chilometro creammo una biforcazione perfettamente al centro della carreggiata, con un angolo centrale di 45 gradi. Asfaltammo poi due strade di 500 metri, dalla forma esattamente identica, che confluivano poi nuovamente nella stessa corsia unica (che poi sarebbe ritornata ad immettersi nella vera strada extraurbana).

Mettemmo sei cartelli perfettamente identici e simmetrici che indicavano (con una freccia) che l'altro paese era a 5 km, che la capitale dell'altro stato era a 450 km, e che l'interstatale era 6 km. Ne mettemmo due a 300 metri prima del bivio, due a 30 metri e due al centro della biforcazione. I primi quattro erano due sul lato destro e due su quello sinistro e le frecce puntavano ovviamente in senso opposto: a destra e sinistra. Gli altri due erano al centro e puntavano anch'essi a destra e sinistra.

Questa era la configurazione finale che scegliemmo dopo alcuni giorni di prove: lo scopo era quello di preparare al meglio il soggetto al bivio e alla bizzarra idea che poteva andare sia a destra che sinistra ottenendo lo stesso risultato. Avevamo supposto che dopo i primi 2 cartelli, il soggetto avrebbe elaborato l'ambivalente informazione e si sarebbe fermato al massimo al secondo avviso a 30 metri, dove speravamo avrebbe incominciato ad elaborare, ad innestare la scelta che, auguratamente, avrebbe preso solo in prossimità del terzo cartello (al centro della carreggiata), dove doveva per forza scegliere (la strada era una corsia sola a senso unico: non poteva tornare indietro).

Chiaramente non si trattava di un vero sistema isolato né di un semi-isolato come la macchina generatrice di linee di realtà, perché nulla poteva vietare che il soggetto uscisse fuori strada o facesse retromarcia, né - per assurdo - che si sparasse davanti al bivio senza fare la scelta. Un vero sistema isolato è quasi irrealizzabile a queste scale.

Decidemmo che, sebbene avremo sempre dato vita al trauma nella posizione 2, avremo scartato dall'analisi i soggetti che fermavano la macchina davanti al bivio (e all'ultimo cartello): ci interessavamo infatti i soggetti che elaboravano la scelta ad un livello più inconscio possibile e nel minor tempo possibile. Questo, insieme alla qualità del trauma e all'indagine per estrarre l'idea, erano il fulcro su cui basavamo tutta la nostra ricerca. Costruimmo il trauma nella strada 2 e completammo le congiunzioni del nostro bivio con la strada extraurbana. Per ideare e dare vita al trauma mi affidai a Donny Figh, un amico che lavorava come scenografo per film d'azione e che aveva un background da stuntman. Ecco come funzionava: delle fotocellule segnalavano ad un computer quando la macchina dei soggetti stava transitando nella strada 1 o nella 2 (la fotocellula inviava il segnale unicamente quando l'autoveicolo nella sua totale lunghezza aveva completamente oltrepassato i primi 20 metri di una delle due strade ad una velocità minima di 25 miglia all'ora). Il computer a quel punto dava un comando immediato per fare azionare alcuni meccanismi, e all'unisono Donny usava il walkie-talkie per comunicare con la sua crew e sincronizzare la scena. Appena una vettura si immetteva dalla strada extraurbana nel bivio artificiale, un nostro assistente, parcheggiato li vicino, metteva delle barriere e rimuoveva il cartello, in modo che potessimo isolare il sistema con una sola macchina. Nelle singole auto potevano esserci da una a sei persone, ma noi avremo controllato in seguito solo il conducente, in quanto era principalmente lui che determinava la linea di realtà agendo sul volante ed i comandi. L'esperimento iniziava sempre alle 22.00 e terminava a mezzanotte circa. Con il buio avevamo la possibilità di usare delle speciali lampade da cinema per evidenziare alcuni elementi della scena su uno sfondo più o meno scuro, aumentando quindi l'efficacia dell'«impianto» del trauma. Sottolineo ancora una volta che, nonostante le lampade e tutti i meccanismi perfettamente sincronizzati, noi avremo poi continuato la verifica dell'esperimento con i soggetti che NON assistevano alla scena (in quanto percorrevano la strada 1 e non la 2).

La prima macchina imboccò la nostra strada artificiale alle 22.44 di venerdì, era un pick-up con a bordo due uomini di circa 40 anni. L'auto passò senza rallentare davanti al primo cartello a 40 miglia all'ora.

Al secondo cartello la velocità scese solamente di 10 miglia, mentre al bivio rallentò bruscamente fino a 10 miglia, ma non si fermò. Imboccò la strada 2 ritornando rapidamente sulla velocità iniziale di 40 miglia. La fotocellula in prossimità del bivio fece spegnere le luci lungo la carreggiata e fece azionare automaticamente una musica che veniva trasmessa a degli autoparlanti dietro a degli arbusti. La musica era stata composta appositamente per questo esperimento remixando un brano del gruppo Dead Can Dance, durava in tutto 46 secondi, ed aveva il suo picco con gli archi e i cori dopo solo 10 secondi. Il genere musicale dei Dead Can Dance viene generalmente definito darkwave, ma in questo brano il climax d'ispirazione gotica era stato davvero estremizzato e potenziato e, al buio, era assolutamente terrorizzante.

Le lampade, come programmato al computer, fecero alcuni bagliori simili a dei flash (la musica era stata sincronizzata ovviamente con l'apparato delle lampade).

La macchina frenò un paio di volte, poi - dopo 8 secondi (momento in cui i flash di luce venivano interrotti e tornava il buio) - cominciò a procedere a passo d'uomo. La fotocellula, all'unisono, aveva fatto scattare all'insù delle barriere (con delle luci intermittenti) nel mezzo della strada al km 1. Dal momento che partiva il comando, neppure una fuoriserie lanciata a 250 km/h sarebbe potuta arrivare prima che si alzassero le barriere. La macchina, in sostanza, non avrebbe potuto procedere oltre, né era possibile aggirarle.

Un potente faro su una gru illuminava ora dall'alto il centro della carreggiata, 10 metri oltre la barriera. Il pick-up, ormai a pochi metri dalle barriere, s'arrestò completamente. Il faro sulla carreggiata si spense e all'unisono un potente faro (dal basso, ad altezza viso) veniva ora puntato verso la barriera (verso l'auto) per 4 secondi, con l'intento di accecare temporaneamente il conducente. Entrambi questi movimenti delle luci erano gestiti automaticamente dal codice temporizzato.

La vettura procedette lentamente fino alla barriera dove non poteva fare altro che fermarsi, la musica si arrestava e Donny faceva entrare in scena l'attrice sul lato sinistro della carreggiata (lato guidatore).

La comparsa, sia che il conducente fosse di sesso maschile o femminile, era sempre una modella molto bella di nome Sheila, che era stata sottoposta ad una seduta di makeup con delle lenti color verde acqua, una cicatrice all'altezza del sopraciglio destro, un diamantino sull'incisivo, e un tatuaggio temporaneo a forma di serpente che fuoriusciva dal collo della maglietta e terminava col numero 245 tatuato alla fine del sonaglio (sul lato destro del collo).

La comparsa, mentre sulla scena calava ancora l'oscurità ed il silenzio, si avvicinava al lato del guidatore e pronunciava questa domanda:

Puoi aiutarmi?

Subito dopo, appena il faro la illuminava, rivolgendosi al conducente, ripeteva:

Puoi aiutarmi? Sai dirmi dove ci troviamo?

Sheila era stata istruita in modo da mostrare il più possibile, mentre parlava, gli occhi, il tatuaggio sul collo, e i denti. Una volta che il conducente tirava giù il finestrino (ma anche se non lo faceva), Sheila si avvicinava ancora di più e, qualsiasi fossero le parole del conducente, ripeteva ancora:

Puoi aiutarmi? Sai dirmi dove ci troviamo?

A quel punto il faro sopra Sheila si spegneva e all'unisono si accendeva per 5 secondi quello accecante puntato sui guidatori. In quel mentre veniva abbassata la barriera sulla carreggiata e Sheila era fatta sparire rapidamente sul lato sinistro dove veniva immediatamente caricata su un'auto che aspettava nella strada 1 (che distava 70 metri dalla strada 2).

Non appena la barriera era tolta e Sheila era fuori dalla scena, tutti i fari tornavano ad illuminare pienamente la strada (la via di fuga). Prima che l'auto avesse percorso tutta la strada 2 fino ad immettersi nuovamente nella strada reale, venivano creati ancora due rinforzi dell'idea: per due volte veniva leggermente abbassata l'intensità dell'illuminazione e all'unisono venivano illuminati due grossi cartelli pubblicitari di 40 metri per 20 posti a circa 25 metri da terra sul lato sinistro (del guidatore).

Nel primo c'era un primo piano della modella Sheila, mentre si voltava leggermente sulla sinistra (per mostrare il tatuaggio sul collo): l'espressione era vuota e lo sguardo era dritto diretto verso il basso (in direzione del guidatore), sotto c'era la scritta *Dove ci troviamo?*

Nel secondo c'era una fotografia con il dettaglio del sonaglio e il numero 245 che occupava quasi tutto il cartellone. Sotto la scritta diceva - *Puoi aiutarmi?*

Questo era, in tutti gli scenari possibili, l'epilogo del trauma. Ripetemmo quest'esperimento 46 volte, 18 volte la macchina passò nella strada uno, 28 volte in quella due. Ogni volta il conducente si comportava in modo diverso, e alcune volte avemmo anche alcuni problemi per distinguere se certe prove dovevano considerarsi completate o abortite, ma in tutti i casi seguimmo sempre rigidamente il protocollo che avevamo studiato per tutte le evenienze statisticamente possibili e rilevanti.

Avevamo quindi 18 controlli da fare, perché come ho ripetuto più volte, controllavamo solo chi passava dalla strada 1 (senza mai vedere la scena). Voglio precisare per l'ennesima volta che, quando la macchina passava per la strada 1, noi davamo inzio al trauma nella strada 2 anche se non c'era una macchina né ovviamente un guidatore. Le barriere si alzavano e si abbassavano, le luci si accendevano e si spegnevano e la comparsa parlava (con nessuno) sul ciglio della strada ripetendo sempre le stesse frasi secondo uno schema temporale.

Quando diciamo «parlava con nessuno», stiamo usando ovviamente una forzatura, noi infatti la consideravamo come una rappresentazione in tempo reale di ciò che stava avvenendo in un'altra linea di realtà. O che era già avvenuto, la differenza non è facile da comprendere.

Ma come avveniva poi il controllo? Poco prima che la strada 1 riconfluisse sulla statale, un finto posto di blocco della polizia (i poliziotti erano attori) fermavano l'auto per un controllo di routine e prendevano i dati del conducente. L'auto veniva immediatamente fatta ripartire. Alla fine dei 46 tentativi, avevamo dunque 18 nominativi con rispettivi indirizzi. Facemmo il controllo dopo 30 giorni: chiamammo tutti i 18 soggetti al telefono e li invitammo a partecipare ad uno screening privato di una casa di produzione cinematografica dove avrebbero assistito a 5 diversi finali di un film di prossima uscita. Partecipando, avrebbero ricevuto un compenso di 200 dollari. Oltre ai 18 soggetti, vennero invitate altre 10 persone che erano transitate con l'auto lungo la statale nei momenti dell'esperimento, e che, pur non avendo svoltato nella nostra strada artificiale e non avendo scelto ne 1 ne 2, facevano parte di un gruppo di controllo per verificare se esistevano effetti secondari abbassando la percentuale dell'evento dal 50% fino a soglie molto più basse. Infine vennero invitate 50 persone totalmente estranee all'esperimento per fungere da gruppo di controllo.

Durante lo screening vennero proiettati 10 filmati della durata di 4 minuti e 30 secondi ciascuno. Tutti i 10 filmati erano in soggettiva, cioè venivano ripresi dal punto di vista del protagonista. Tra questi 10, uno era la soggettiva del trauma nella strada 2, dove venivano bene inquadrati tutti gli elementi della scena. Gli altri nove filmati, pur rimanendo all'interno del genere thriller-horror, ritraevano scene completamente diverse dove c'era sempre una sola attrice, che era però diversa da quella presente nel trauma.

Dei 18 soggetti che avevano preso parte all'esperimento, 13 erano uomini mentre le donne 5. Avevamo ipotizzato che nelle donne l'effetto potesse essere molto più debole rispetto agli uomini, proprio perché avevamo usato come comparsa una modella e non un modello. I 10 filmati vennero proiettati in ordine casuale una prima volta durante la quale gli spettatori, tramite un'apposita lavagnetta elettronica, dovevano dare una votazione da 1 a 10 a cinque affermazioni immediatamente dopo la proiezione del filmato. Avevano solo 45 secondi per valutare, passati i quali la lavagnetta si bloccava, rimanevano quindi al buio per 15 secondi ed infine partiva il filmato seguente. Al termine della prima valutazione, i 10 finali venivano nuovamente riproiettati in ordine casuale e veniva richiesta una seconda valutazione di controllo. Le cinque affermazioni da valutare da 1 a 10 erano le seguenti:

Mi sono emozionato
Mi ha lasciato indifferente
Mi ricorda qualcosa

Mi ha turbato
Mi sono annoiato

I 13 uomini che avevano partecipato direttamente all'esperimento, risposero al primo screening del filmato del trauma, mediamente, con i seguenti punteggi:

7 / 10
0 / 10
7 / 10
9 / 10
0 / 10

Nella seconda valutazione ci furono queste correzioni al rialzo:

9 / 10
0 / 10
9 / 10
10 / 10
0 / 10

Le 5 donne che avevano preso parte all'esperimento, risposero in media, nelle due prove, così:

5 / 10
2 / 10
5 / 10
8 / 10
0 / 10

Complessivamente, il gruppo dei 18, rispose agli altri nove filmati con questa media:

1 / 10
6 / 10
0 / 10
2 / 10
5 / 10

Ecco come hanno risposto invece le 50 persone del gruppo di controllo al filmato del trauma:

1 / 10
6 / 10
0 / 10
3 / 10
3 / 10

Infine come hanno risposto mediamente agli altri 9 filmati:

3 / 10
4 / 10
1 / 10
2 / 10
2 / 10

Una prima analisi.

Salta immediatamente all'occhio la notevole differenza di valutazione tra i 13 uomini che hanno partecipato all'esperimento e i 50 di controllo, rispettivamente alle domande 3 e 4 (mi ricorda qualcosa, mi ha turbato). 9 su 10 e 10 su 10 per i primi, contro lo 0 su 10 e il 3 su 10 per i secondi.

Da notare subito inoltre, che per il gruppo di controllo

non esiste una variabilità significativa di punteggio tra il filmato del trauma e gli altri 9 filmati.

Alle stesse 2 affermazioni, le 5 donne che avevano partecipato all'esperimento rispondono comunque sopra la media del gruppo di controllo, ma sotto quella dei 13 uomini.

La prima analisi ci dice che i 13 uomini che hanno partecipato all'esperimento, pur non avendo assistito alla scena del trauma (che è avvenuta nella strada 2!), rispondono massimamente alle due affermazioni «mi ricorda qualcosa» e «mi ha turbato», dove invece nel gruppo di controllo non succede assolutamente niente di rilevante rispetto agli altri 9 filmati.

I risultati sembrerebbero davvero sconcertanti: nonostante le 13 persone non avessero mai assistito alla scena nella strada 2, avevano un ricordo a livello subconscio di quanto accaduto. Se le premesse fatte in precedenza erano vere, questo risultato si poteva spiegare con la vicinanza delle linee di realtà, con l'alta percentuale delle linee di realtà (grossolanamente il 50% ciascuna), con l'intensità del trauma, ed infine – ovviamente – con il self awareness factor. In sostanza, in prossimità della scelta tra la strada 1 e 2, quando il soggetto sceglieva la strada 1, una piccola parte di *saf* veniva ceduta all'alter-ego nell'universo parallelo dove avveniva il trauma. Le particelle cedute rimanevano comunque in contatto entangled con quelle che creavano l'illusione della soggettività e della coscienza unica nella strada 1. Era esattamente come nell'esperimento mentale del suicidio quantistico, solo che qui non doveva morire il soggetto e si poteva quindi, paradossalmente, chiedergli - «Sei finito in un universo parallelo?». Naturalmente per provare in futuro in maniera scientifica quanto stiamo ipotizzando, dovremo disporre di un particolare tipo detector (simili a quelli usati nel *Large Hadron Collider*) che fosse però specializzato nel tracciare un eventuale potenziale liberato dagli spostamenti della particella della coscienza da un universo all'altro. Sembra fantascienza al momento, ma lo erano anche le ipotizzate onde gravitazionali, di cui, proprio mentre sto scrivendo questo libro, viene data ufficialmente la conferma della loro esistenza (alle 10.50 e 45 secondi del 14 settembre 2015 i due strumenti dell'esperimento Ligo negli Stati Uniti hanno registrato il dato anomalo che ha portato poi alla dichiarazione ufficiale della scoperta).

L'esame dei dati del bivio di Shoshone è stato in questo libro semplificato e sintetizzato, in realtà vennero fatti numerosi incroci e furono trovate tante altre relazioni interessanti. Non solo, per i 13 soggetti di sesso maschile fu previsto un secondo controllo un mese dopo. Vennero chiamati, questa volta ad uno ad uno, per ritirare un pacco in un giorno specifico, e nella sala d'attesa trovavano sei comparse di sesso femminile che avevano partecipato alle riprese dei filmati: una tra queste era l'attrice della scena del trauma. Tramite una telecamera nascosta veniva registrato il comportamento del soggetto e poi al computer venivano colti gli aspetti più intimi del movimento degli occhi. In una scala da 1 a 100, alla donna della scena del trauma venivano rivolti dal 65 al 75 % di tutti i movimenti degli occhi.

Nei dati emersero anche numerosi potenziali effetti secondari, per esempio vennero trovate delle correlazioni statisticamente probanti tra i soggetti che erano transitati nella strada 1. Sembra che il fatto di essere stati tutti potenzialmente coinvolti in un pezzo esattamente identico di linea di realtà (il trauma) abbia in qualche modo modificato il corso successivo degli eventi.

Per esempio, nel giorno in cui veniva svolto l'esperimento, la distanza media tra le residenze delle 13 persone era di 830 Km, dopo il controllo con le proiezioni era diventata

711 Km, e dopo il controllo nella sala d'attesa era sceso già a 522 Km. Questa, come altre strane coincidenze, venne scoperta assolutamente per caso: alcuni soggetti infatti erano stati irreperibili fino a che si era venuto a sapere che avevano cambiato casa da poco.

Si potrebbe ipotizzare che potenziali linee di realtà identiche tendano a creare una sorta di linea preferenziale simile di sviluppo del futuro. Un po', se volete, come i disturbi simili che si trovano in bambini che sono vittime delle stesse violenze domestiche in posti distanti migliaia di Km.

Parleremo di queste strane influenze sulle linee di realtà a breve, quando analizzeremo com'è strutturato il complesso meccanismo di fondo su cui si muovono le varie linee di realtà all'interno dello stesso spazio-tempo, e di come sia possibile modificare i percorsi o trovare degli *shortcuts* per gli snodi più importanti. Lasciamo quindi questa parte degli esperimenti sul self awareness factor e il multiverso, spero, con la consapevolezza che esiste una possibilità (quanto remota decidetelo voi) di una correlazione stretta tra la coscienza unica che travalica lo spazio-tempo, il multiverso, e le singole coscienze racchiuse all'interno di uno spazio-tempo e di una linea di realtà. Addentriamoci adesso nei meandri dei meccanismi che creano le nostre linee di realtà insieme al vibrare della particella della coscienza o *saf*.

PARTE III

LA TEORIA DEL TUTTO

1.

EMISSIONE DELLE FREQUENZE

Nella scienza si è sempre cercata una teoria del tutto, spesso però si sono tenute fuori (appositamente) altre discipline che non sono prettamente scientifiche. Misticismo, parapsicologia, psicocinesi, e in generale tutto ciò che viene etichettato come mistero.

Siamo oggi di fronte ad un cambiamento epocale, la natura infatti, di sua spontanea volontà, ci sta suggerendo delle possibilità che non erano in linea con le ricerche e le ipotesi correnti, ma che hanno quasi le caratteristiche del salto, un salto in avanti. Il modo con cui abbiamo selezionato le idee da accettare, esaminare o rifiutare fino ad oggi, sta repentinamente cambiando.

La spinta principale di questo cambiamento risiede sicuramente dal già citato esperimento della doppia fenditura e da ciò che ne è seguito dall'interpretazione di Copenhagen: oggi non vi è uno scienziato al mondo, probabilmente, che non prenda sul serio il tema del rapporto causa-effetto tra coscienza e materia. Partendo da qui però, le strade degli scienziati sembrano di nuovo dividersi: sebbene la realtà sia fatta di materia, l'idea che la coscienza possa plasmare la realtà non è ancora considerata alla stregua delle altre ipotesi di ricerca. Probabilmente per il fatto che nessuno è mai riuscito ancora a creare una serie d'esperimenti replicabili numero «x» volte. La correlazione tra coscienza e la realtà è lasciata agli studi pioneristici di alcuni individui, come ad esempio Vadim Zeland con la teoria sullo «spazio delle varianti» e le varie pratiche del «reality transurfing», o Robert Monroe con i «viaggi fuori dal corpo» (o astral travel).

L'obiettivo di questo libro è proprio trovare gli spazi giusti dove inserire questa parte di possibile nuova scienza all'interno di quella riconosciuta come ufficiale. L'idea non è nuova, ma ciò che è nuovo è dare un senso compiuto a tutto e provare a dare a quel punto uno sguardo oltre. Cos'é esattamente quell'«oltre» lo capiremo più avanti, ma è quel passo che ci consenta di dire - *Wow! Adesso tutto ha un senso!*

La vera teoria del tutto non è che una teoria del senso delle cose. Sapere che i buchi neri emettono certe particelle sotto certe condizioni e che queste provocano effetti sulla terra che sono misurabili, per esempio, non è sufficiente per dare un senso a quel processo. Il senso compiuto di ogni processo deve avere un rapporto, seppure alla lontana, con i processi della coscienza, della creazione della realtà, con l'infinto e l'evoluzione della coscienza in questo infinito. Un infinito, però, senza tempo. Questo particolare non è trascurabile, in quanto immaginare un'evoluzione della coscienza senza un tempo, e in un campo d'informazione che è però già pre-esistente (con una estensione infinita), non è esattamente come trovare una nuova particella che spiega la massa di un'altra particella.

Prima d'iniziare questo viaggio, voglio però riassumere in pochi punti quanto abbiamo discusso fino ad ora, in modo di avere ben chiaro cosa stiamo aggiungendo e dove lo stiamo incastrando. Ecco qui di seguito una sintesi complessiva comprensiva di leggi, scoperte, ipotesi che abbiamo visto fino ad ora, con l'aggiunta di nuovi scenari deduttivi progressivi. Non ha senso ora distinguere tra verità scientifiche e ipotesi, altrimenti non arriveremo mai alla fine di questo libro e non abbozzeremo mai una possibile teoria del tutto.

2.

UNA TEORIA DEL TUTTO (1)

Viviamo complessivamente in un multiverso. Non percepiamo gli altri universi perché percepiamo principalmente l'universo dove siamo più coscienti. A determinare in quale universo siamo più coscienti ci pensano le particelle della coscienza e il fattore predominante (il self awareness factor) comanda la nostra percezione. Le particelle di coscienza saltano costantemente da un universo all'altro, cedendo forza o attraendo altre particelle. Le particelle di una singola coscienza sono legate tra loro con un rapporto entangled. Questo rapporto di comunicazione istantanea è però mediato e mascherato dagli effetti distorsivi dello spazio-tempo. Tutte le particelle di tutte le coscienze sono a loro volta collegate tra di loro con uno stesso rapporto entangled. Non siamo solo noi con le nostre particelle di coscienza a determinare quanta coscienza c'é nella nostra linea di realtà, ma subiamo anche l'effetto delle altre coscienze. Una linea di realtà è un flusso di spazio-tempo in cui percepiamo di essere ciò che siamo con continuità. Tutte le linee di realtà possibili esistono già al di fuori dello spazio-tempo. Ogni singolo individuo non è solo ciò che percepisce nella sua attuale linea di realtà, ma è almeno l'insieme di tutte le particelle di coscienza in tutte le linee di realtà. Il fatto di percepire un'unica coscienza legata allo spazio-tempo e ad una sola linea di realtà è, a tutti gli effetti, un'illusione creata dalla «gabbia» entro cui sono temporaneamente *costrette* le particelle della coscienza. Siamo in realtà costantemente in contatto con tutti i mondi possibili, da dove, non di rado, percepiamo echi che vengono colti dagli stati più profondi di coscienza e filtrati dalla ragione.

L'esperimento del bivio dimostra che più una linea di realtà è probabile e vicina a noi più questi eco dal mutiverso saranno forti. Gli eco dal multiverso non sono altro che le nostre particelle di coscienza che passano da una parte all'altra.

La morte, come lo spazio-tempo, è una pura illusione. Esiste già tutto, ci muoviamo all'interno di un preesistente campo d'informazione complessivo. La teoria del tutto deve dare un senso al perché questi procedimenti avvengono nel modo in cui avvengono.

Senza un senso, non esiste più coscienza. Senza coscienza non esiste più nulla, tutto scompare. La coscienza crea tutto l'esistente. La coscienza, senza che ce ne rendiamo conto, crea in ogni istante le linee di realtà.

Noi possiamo modificare le nostre linee di realtà e come effetto secondario modificare quelle degli altri. Quando ci riferiamo a frasi come «non ce ne rendiamo conto», stiamo in realtà riferendoci ad una sovrastruttura automatica che determina gli eventi in base ad un campo energetico comune. Alcuni chiamano questo campo il «Matrix».

Meno particelle di coscienza sono riferibili ad un individuo in un universo o linea di realtà, più il campo energetico o Matrix prende il timone automatico. Più particelle di coscienza sono presenti, più è l'individuo a determinare la linea di realtà, se lo vuole.

È concettualmente plausibile immaginare che il senso

complessivo delle cose sia composto da sottoinsiemi di senso, e che uno di questi sottoinsiemi sia riunire tutte le particelle delle singole coscienze sparse nel multiverso in un unico universo.

Più le particelle di coscienza aumentano all'interno di una linea di realtà, più gli alter-ego sbiadiscono e sono in balia del Matrix. Quando ad un nostro alter-ego viene tolta anche l'ultima particella di coscienza in un universo, questo continua a vivere «pilotato» dal Matrix per non interferire con le linee di realtà delle altre coscienze. È plausibile che ad un livello superiore di questi sottoinsiemi di senso vi sia quello di riunire tutte le particelle di coscienza di tutte le coscienze nel multiverso. In questo caso non è azzardato pensare ad un effetto di annichilimento dei mondi che procederebbero guidati dal Matrix come le giostre di un luna park visitate da automi. Il corpo umano è solamente un veicolo preso in affitto dalle nostre particelle di coscienza, quando queste lo abbandonano, il veicolo non scompare ma rimane guidato dalla matrice come un treno che procede lungo un binario anche senza passeggeri.

3.

IL MATRIX

Il self awareness factor può entrare ed uscire da un rapporto sincrono o asincrono con le frequenze. Come abbiamo visto, è ipotizzabile che vi sia in ogni universo un campo energetico complessivo, che taluni chiamano il *Matrix*. Il Matrix emette quindi una frequenza che è complessiva e che è la risultante delle frequenze emesse da tutte le particelle di coscienza. Per intenderci, il Matrix non è un mostro telecomandato, il Matrix siamo noi. Spesso questo concetto viene ignorato perché si tende sempre a vedere un nemico contro cui lottare, ma se abbiamo deciso di credere che tutto è coscienza, anche il Matrix è prodotto di coscienza. Escluderò sempre da questi ragionamenti ogni qualsivoglia riferimento al «Bene» o al «Male», quindi non nominerò mai possibili forze esterne che intervengono attraverso il Matrix, ad esempio per annichilire le nostre particelle di coscienza. La natura è decisamente complessa ma, come abbiamo già imparato, estremamente elegante. Quando sentite dire, per esempio, «questa è una formula matematica elegante», non significa che indossa un paio di mocassini Dior, ma che esprime un concetto superiore di senso. Come abbiamo detto, tutto deve avere un senso. Per questo stesso motivo diremo, per semplificare, che *Bene, Male, Mostri, Paradiso, Inferno*, ecc, per ora non hanno senso perché non sono costrutti mentali abbastanza eleganti.

Tornando alla frequenza del Matrix diremo allora che è una sovrastruttura che esiste ad un livello primordiale, come abbiamo visto, per «telecomandare» i mondi, gli universi, in stati di coscienza limitati se non addirittura in assenza di coscienza. Diremo inoltre che più il Matrix governa la realtà più la sua frequenza sarà alta, viceversa in un mondo dove esistono molti individui che hanno richiamato a sé tutte le proprie particelle di coscienza, la frequenza della matrice sarà bassa. Per la proprietà transitiva, più il nostro self awareness factor sarà basso (quindi sarà sparpagliato in tutto il multiverso) più sarà alta l'emissione della propria frequenza e più sarà quindi in sincronia con il Matrix. Quando diciamo in sincronia con il Matrix, possiamo tranquillamente dire in sincronia con il mondo, essendo il Matrix essenzialmente la somma di tutte le frequenze del mondo. È altrettanto evidente che nella linea di realtà dove sta venendo scritto questo libro (esattamente con questa combinazione di parole), la frequenza predominante è alta e la matrice esercita un notevole influsso sulle coscienze. Al contrario, quindi, possiamo dedurre che i self awareness factor sono complessivamente deboli e stanno emettendo in alta frequenza, in sintonia con la matrice. Non è dato sapere con precisione cosa esattamente determina la qualità di emissione delle frequenze da parte delle coscienze, ma si può ipotizzare che uno dei mattoni fondamentali di questa fabbrica delle frequenze abbia a che fare con quella caratteristica che chiamiamo comunemente «empatia». Il rapporto tra empatia e frequenza sembra strutturato in modo bidirezionale, cioè l'una influenza l'altra secondo questo schema: più è alta la frequenza meno si prova empatia, meno si prova empatia più alta sarà la frequenza. Siccome ho detto che non introdurremo in questo libro valutazioni del tipo Bene-Male, spieghiamo immediatamente che l'empatia, così come la conosciamo noi, cioè rapportata a concetti come la capacità di comprendere lo stato d'animo altrui, potrebbe essere unicamente un effetto secondario puramente legato alla condizione umana, mentre la fonte primordiale a cui attinge avrebbe in realtà più a che fare con la capacità di cogliere gli aspetti più intimi e profondi della natura in generale. Il contrario di empatia, in questa ottica, sarebbe l'essere più o meno soggiogati dalla frequenza della matrice, risultando in un modo di pensare piuttosto stereotipato e volto a cogliere unicamente gli aspetti più direttamente visibili ed espliciti della realtà. L'effetto che ne risulterebbe è che le particelle di coscienza tenderebbero a sparpagliarsi nel multiverso emettendo tutte ad alte frequenze.

4.

UNA TEORIA DEL TUTTO (2)

Siamo arrivati dunque ad ipotizzare che la nostra coscienza complessiva è composta da particelle (che emettono a determinate frequenze) che sono sparpagliate nel multiverso. Che nel multiverso esiste un campo energetico globale (il Matrix) che emette a sua volta una frequenza che tende a compensare l'abbassamento di self awareness factor. Allo stesso tempo, più la matrice si rafforza in un universo, più tende ad abbassare la presenza di particelle di coscienza, spingendole in altri universi. Il Matrix non può avere una connotazione negativa in quanto, come abbiamo già detto, questa ipotesi non è elegante. Il Matrix ha una funzione precisa e fondamentale, ma ancora non è chiaro quale essa sia. La matrice è considerata spesso come si consideravano un tempo i buchi neri, ossia come terribili divoratori dell'universo. Oggi si ipotizza che i buchi neri svolgano addirittura un ruolo fondamentale nelle evoluzioni delle galassie disseminando materiali che sono la base della costruzione dei pianeti e della vita. Sono come i nostri reni, i nostri fegati o polmoni: sono fondamentali per noi, eppure sono causa di tumori che portano (tecnicamente) alla morte. Ma la morte, come abbiamo detto, potrebbe essere solo un'illusione all'interno dello spazio-tempo, e questi cancri allora non avrebbero una funzione diversa da quella dei buchi neri: spostare le particelle di coscienza in un altro universo a seconda della dinamica delle linee di realtà-frequenza della matrice, e con lo scopo ultimo, abbiamo ipotizzato, d'essere il ricongiungimento delle particelle della coscienza.

Se il Matrix è dunque un campo energetico che si contrappone al self awareness factor, ne deriva che il *saf* indica anche il tuo livello di comprensione dell'esistenza della matrice e della sua influenza. Più comprendi il meccanismo di funzionamento del Matrix, più il tuo self awareness factor sarà alto, viceversa sarà scarso e ti troverai in balia della matrice in un particolare universo. Su questo tema incontreremo alcuni ostacoli che proveremo a superare utilizzando il vecchio dualismo «Materialismo-Spiritualismo». Molti sostengono che lo Spiritualismo si avvicini concettualmente al self awareness factor, mentre il Materialismo sia legato alla matrice. Questo passaggio è piuttosto fondamentale per comprendere in seguito come ci si possa attrezzare per riuscire a determinare consapevolmente le proprie linee di realtà. Come è stato ampiamente descritto nei lavori di Vadim Zeland (il *misterioso* scrittore russo a cui si fa risalire il termine «reality transurfing» e la relativa teoria), esisterebbero (uso sempre il condizionale) delle tecniche specifiche per orientarsi nello spazio delle varianti e nei pendoli al fine di scivolare (o surfare) verso le zone di campo d'informazione desiderate (diciamo verso gli eventi del futuro desiderati, anche se gli eventi esistono già, come abbiamo ampiamente discusso). Secondo Zeland, i pendoli sarebbero strutture energetiche indipendenti (che tutte insieme sarebbero la matrice) che spingerebbero le persone (le coscienze) verso determinate linee di realtà in accordo con la matrice, mentre lo spazio delle varianti sarebbe come l'ingranaggio di un orologio attraverso cui ci muoviamo e che facilita un percorso o lo devia verso altre linee di realtà. All'interno di questo contesto, che indagheremo più avanti, a seconda del tipo di emissione della frequenza, si può determinare il nostro percorso: se emettiamo in linea con la matrice, sostiene Zeland, saremo vittime dei pendoli, se emettiamo in senso opposto alla matrice saremo espulsi dal sistema. La via di uscita, sempre secondo Zeland, sarebbe dunque quella d'ingannare la matrice. Cosa c'entra dunque lo Spiritualismo e il Materialismo? Come abbiamo appena visto, la spiritualità, che pure è innegabilmente riconducibile al self awareness factor e all'empatia, non sarebbe però la via maestra per comprendere il funzionamento del Matrix, mentre il Materialismo (assimilabile all'attuale matrice su questo universo) garantirebbe solo un asservimento ai pendoli. Se è vero ciò che abbiamo ipotizzato prima, e cioè che il fattore determinato dalle particelle di coscienza è legato alla comprensione del funzionamento della matrice, sembrerebbe allora che lo Spiritualismo, contrariamente a quanto si pensa, non basterebbe da solo per raggiungere i massimi livelli di coscienza, ma dovrebbe essere abbinato alla comprensione della matrice, attuabile solamente ingannando la matrice.

Per renderla di facile comprensione, immaginiamo due opposti: un monaco tibetano che trascorre tutta la sua vita da eremita in meditazione, lontano e (apparentemente) distaccato dalla matrice e dai suoi pendoli energetici, e un moderno *Gordon Gekko*, il personaggio immaginario del film Wall Street. Il primo ha scelto uno stile di vita legato allo Spiritualismo e ha ottenuto pace interiore, il secondo al Materialismo e ha ottenuto un sacco di soldi e una vita che molti invidiano. Entrambi però, paradossalmente, sarebbero accomunati dal fatto di non aver raggiunto una profonda comprensione della matrice. Rimanendo in tema di film, immaginiamo adesso un particolare Indiana Jones, il noto archeologo di George Lucas, che pur non abbracciando il Materialismo si avventura attraverso le sue strutture energetiche alla ricerca del Santo Graal: sembrerebbe che sia un atteggiamento ambivalente di questo tipo il più adatto per muoversi attraverso le linee di realtà, come ho detto, ingannando la matrice. Prima di andare avanti, poniamoci la solita domanda: è questa una soluzione elegante? A questa domanda attualmente non saprei dare una risposta, ma sarei invece più sicuro di me nell'affermare che sia il Materialismo che lo Spiritualismo sono due soluzioni assolutamente meno eleganti di quella appena proposta, anzi non lo sono affatto. Questa via di mezzo, che abbiamo definito maldestramente (concordo su questo), «l'arte d'ingannare la matrice», si troverebbe attualmente in uno stadio di comprensione simile a quello di qualche anno fa dei buchi neri: dobbiamo in sostanza ancora capire cosa si cela intimamente in questi procedimenti che ci aiuterebbero a comprendere il Matrix.

Queste premesse, di cui non troverete traccia nei libri di Zeland, sono invece per noi di fondamentale interesse, in quanto non stiamo qui discutendo sul come ottenere ciò che vogliamo dalla vita, ma sul come disporre questa possibilità all'interno di una teoria del tutto. Non possiamo allora prescindere dal trovare un incastro elegante tra l'ipotesi a molti mondi, il self awareness factor, la matrice, lo spiritualismo, i pendoli e le tecniche per ingannare la matrice. Abbiamo svolto un percorso, fino ad ora, spero piuttosto elegante, dall'idea dell'immortalità passando per le onde gravitazionali, dalla particella di coscienza fino alla Matrice. Adesso ci dovremo mettere il cappello di Indiana Jones ed avventurarci all'interno del campo d'informazione, alla ricerca di qualcosa che ancora non sappiamo con esattezza cosa sia, ma il cui percorso d'indagine sembra essere fondamentale. Cercheremo di svelare quanto senso e quanta eleganza si nasconde dentro queste ipotesi.

PARTE IV

INFLUENZARE GLI EVENTI

1.

IL CAMPO D'INFORMAZIONE

Nel 2005, il noto fisico teorico Michio Kaku, dopo uno studio sui tachioni (particelle teoriche che sono in grado di far decollare la materia dell'Universo), concluse - facendo molto clamore - che le regole dell'universo potrebbero effettivamente essere state create da un'intelligenza, piuttosto che essere il frutto d'una particolare evoluzione spontanea.

«Credetemi, tutto quello che fino a oggi abbiamo chiamato caso, non avrà alcun significato. Per me è chiaro che siamo in un piano governato da regole create e non determinate dalle possibilità universali, Dio è un gran matematico.»

Per comprendere il campo d'informazione dobbiamo avere ben chiaro cos'é quella sostanza che chiamiamo «caso».

In filosofia s'intende il caso come un avvenimento che si verifica senza una causa definita e identificabile, oppure un evento accaduto per cause che certamente vi sono, ma non sono conosciute, ovvero sono «non-lineari», o meglio «intricate», che non presentano una sequenza causalità-effettualità necessitata, cioè deterministica. Quando spingiamo una forchetta oltre il bordo del tavolo e la vediamo cadere per terra, non siamo affatto turbati, perché sappiamo che non si tratta di un evento casuale ma di evento determinato dalla forza di gravità così come descritta da Newton: la forza è proporzionale al prodotto delle due masse e inversamente proporzionale al quadrato della distanza tra loro. Per averne una prova immediata possiamo chiedere al nostro collega che sta mangiando con noi, di spingere lui la forchetta sul bordo del tavolo: la forchetta cadrà nuovamente confermando esattamente la legge che determina l'evento.

Proviamo adesso a vedere lo stesso accadimento senza l'intenzione originale: stiamo mangiando con il nostro collega e adesso, prendendo il bicchiere, facciamo scivolare la forchetta sul bordo del tavolo e questa cade. Adesso questo evento è determinato dalla legge di Newton oppure è un evento casuale? Molti di noi direbbero che è stato un evento casuale che ha innescato un evento determinato da una precisa legge. Direbbero poi che l'evento casuale («ho scontrato la forchetta») è stato influenzato da uno stato d'animo («sono distratto») ma non determinato da questo.

È a partire da questo termine, influenzare gli eventi, che possiamo comprendere meglio il campo d'informazione. Se adesso stessimo camminando sulla 5th avenue a New York e incrociassimo un'amica che non vedevamo da 10 anni, saremo vittime del caso o avremo invece influenzato questo evento? E se, invece di incontrare la vecchia amica, incrociassimo una persona sconosciuta ma che «ci sembra familiare», questo sarebbe adesso un caso o avremo influenzato noi questo evento? Ed ecco allora, che partendo dal caso, ci troviamo nel miasma degli eventi: ma cosa sono realmente gli eventi? Di che sostanza sono fatti? Come si creano? E soprattutto, dove sono?

Tutti gli eventi sono proprio nel campo d'informazione, o spazio d'informazione (o se preferite, come lo definiscono alcuni, il «vuoto quantomeccanico»). In questo campo infinito esiste un numero infinito di potenziali varianti del futuro sotto forma d'informazione pronta a divenire sostanza (materia), e a ridivenire nuovamente campo.

Nel campo d'informazione sono contenuti i dati di tutti i possibili punti del moto della materia sotto forma, probabilmente, di un complesso ologramma matematico di cui ad oggi non sappiamo molto.

Vadim Zeland identifica questo campo con quello che lui chiama lo spazio delle varianti, dove sarebbero contenute le informazioni su tutto quello che è stato e sarà. Concettualmente ritengo che sia più funzionale separare queste due nozioni ed immaginare lo spazio delle varianti come un'emanazione del campo d'informazione, in quanto all'interno di quest'ultimo l'informazione si troverebbe in forma più pura mentre nello spazio delle varianti sarebbe già strutturata per determinate frequenze di emissione e ricezione. Ricordiamo che i libri di Zeland si occupano principalmente di Reality Transurfing (le tecniche per scivolare all'interno della realtà) e queste tecniche specifiche sono quindi destinate agli esseri umani per farne un uso pratico in questo specifico periodo storico, in cui predomina una particolare emissione di frequenze. Questa distinzione ci permette di inquadrare l'informazione al di là degli esseri umani e delle loro linee di realtà. Infatti Zeland specifica che lo spazio delle varanti è una struttura d'informazione assolutamente materiale che contiene tutte le possibili varianti di tutti gli eventi che possono aver luogo.

Per comprendere meglio facciamo una similitudine con il famoso videogame *Pac-Man* pubblicato dalla Namco nel 1980. Definiamo il suo spazio delle varianti: Pac-Man si può muovere in alto e in basso, a destra e sinistra all'interno di un labirinto, può mangiare tutti i numerosi puntini disseminati ordinatamente e, nel far questo, deve evitare di farsi toccare da quattro «fantasmi», pena la perdita immediata di una delle vite a disposizione. Per facilitare il compito a Pac-Man sono presenti, presso gli angoli dello schermo di gioco, quattro «pillole» speciali (*power pills*) che rovesciano la situazione rendendo vulnerabili i fantasmi, che diventano blu e, per 10 secondi esatti, invertono la loro marcia. Tutte le possibili varianti degli eventi che riguardano Pac-Man possono essere identificate all'interno di questo scenario. Ma il campo d'informazione di Pac-Man sta al di fuori dello schema di gioco, perché è la sorgente pura del codice informatico da cui è tratta la sequenza di programmazione che delimita il campo delle varianti. Come ripeto spesso, quando parliamo di strutture bisogna sempre specificare che intendiamo livelli (o sottoinsiemi) di struttura. Ho già parlato di livelli di senso, e anche adesso dobbiamo parlare di «livelli di campo d'informazione», di cui lo spazio delle varianti è solo uno dei livelli esterni. Tornando a Pac-Man, un livello del suo campo d'informazione originario è quello che stava all'interno degli 8-bit e della CPU di 3072 MHz, un altro livello è quello delle regole informatiche del tempo da cui sono state tratte le linee guida del *source code* (codice sorgente) originale.

Possiamo immaginare infinite variabili di Pac-Mac disseminate nello spazio-tempo in cui l'omino giallo ha diversi spazi delle varianti: potrà muoversi obliquamente, potrà passare attraverso le pareti del labirinto, eccetera. Il campo d'informazione è invece qualcosa d'infinitamente più immenso, è in un certo senso il Source Code divino che si estende all'infinito e che dispone di CPU infinite. A strati inferiori vengono creati campi d'informazione limitati da sottoinsiemi di regole di programmazione, esattamente come ogni equazione matematica alla fine viene reintegrata-reinterpretata all'interno di nuove equazioni più vicine alle equazioni primarie che si trovano nel campo d'informazione.

Quindi, quando andremo a sviscerare i principali concetti di Zeland (per spingersi poi oltre), dobbiamo avere ben chiaro che useremo delle tecniche che si riferiscono ad un dato livello delle varianti: le nostre attuali linee di vita, le nostre attuali varianti degli eventi. Quando tratteremo più avanti dei viaggi astrali (astral travel) vedremo che ci riferiremo ad altri livelli, sia del campo d'informazione che di scenari delle variabili. Tornando a Pac-Man, faccio un breve accenno ad un dettaglio che ci verrà utile in seguito quando parleremo di altri argomenti (i shortcuts, come sfruttare i buchi nel campo, le sostanze stupefacenti e le malattie psichiatriche): il *Pac-Man Dossier*. Neppure gli sviluppatori della Namco si resero conto che il livello 256 (l'ultimo del gioco) era in realtà una landa psichedelica all'interno di Pac-Man. A causa di un *integer overflow*, succedeva il caos, il labirinto originale non aveva più mura e Pac-Mac si trovava a girare tra una serie senza senso di zone aperte, tunnel, intersezioni a senso unico, muri spuri e passaggi che non erano visibili al giocatore!

Il colpevole di tutto ciò, venne scoperto in seguito, era la routine che serviva a disegnare i simboli sul bordo in basso dello schermo, che si affidava ad un contatore che sbagliava un calcolo, costringendo il sistema ad un loop senza fine.

Adesso immaginiamo che Pac-Man potesse mangiare una particolare pallina verde che lo rendesse capace sia di modificare l'algoritmo con cui si muovono i fantasmi, sia il codice sorgente che situa le power pills che gli permettono di mangiare i fantasmi. Immaginiamo che questa pallina verde contenga questo livello più alto d'informazione relativa al gioco che è basata sull'inganno del gioco stesso, e che sia composta da bit che codificano le tecniche di reality transurfing di Zeland.

A questo punto è facile immaginare che il nostro Pac-Man farà muovere i fantasmi cattivi sempre lontano da sé mentre mangia i puntini nel labirinto, viceversa li attrarrà quando mangia la power pill che collocherà nel punto strategico migliore. Pac-Man arriverà quindi alla fine del gioco, il famoso livello 256, senza alcuna difficoltà, e una volta lì, decripterà ad un livello superiore i codici della pallina verde cominciando non solo a modificare i labirinti, ma imparerà anche a passare attraverso i muri del labirinto, o a trovare passaggi che dal livello 256 portano dritti al 14 o al 22. Sposterà i muri del labirinto per formarsi una casa e un giardino dove metterà i fantasmi, ormai divenuti inermi animali domestici. Farà crescere power pills ovunque nel suo giardino e, giorno dopo giorno, la qualità della sua emissione conoscerà nuove dimensioni tali da essere in grado di creare nuovi livelli del gioco. Quando ad un certo punto non sarà più abbastanza, proverà a modificare la natura stessa del codice sorgente riuscendo non solo a muoversi ad un livello tridimensionale, ma persino a modificare gli eventi al di fuori del videogioco, dove ci siamo noi!

Questo scenario, che sembra apocalittico, sta in realtà già avvenendo e sta crescendo esponenzialmente. Saremo dunque mangiati da Pac-Man? Molti scienziati come Max Tegmark e imprenditori di successo come Elon Musk (fondatore della Tesla Motors, di Space-X e di Paypal) ritengono che questo scenario sia così minaccioso che per tenere alta l'attenzione hanno fondato il FLI *Future of Life Institute*, la cui mission (in bella vista sull'homepage del sito) dice testualmente: «catalizzare e sostenere la ricerca e le iniziative per la salvaguardia della vita e lo sviluppo di visioni ottimistiche del futuro, compresi i modi positivi per l'umanità per orientare il proprio corso in considerazione delle nuove tecnologie e delle sfide ad esse collegate». Quindi abbiamo da una parte la scienza ufficiale impegnata a controllare che Pac-Man non si allarghi troppo, e dall'altra la pseudo-scienza ufficiosa che, invece di controllare Pac-Man, si comporta proprio come Pac-Man, ossia cerca le proprie «Power Pills»! Eccoci tornati, dopo questo giro attraverso i microchip di un videogioco, nuovamente al punto di partenza: le tecniche individuate da Vadim Zeland per modificare la nostra realtà, o se volete, le nostre power pills.

2.

MODIFICARE LA REALTÀ

Descriveremo ora i concetti e le tecniche che ritengo fondamentali e universali del reality transurfing, così come descritte da Zeland nel suo libro «Lo spazio delle varianti». Tralascerò appositamente molti concetti / tecniche di cui non sono riuscito a testare l'efficacia e tanti altri argomenti trattati da Zeland nella trilogia e nei nuovi testi. Ritengo infatti che sia molto comune un effetto d'*information overload* che vanifica il funzionamento del transurfing perché, come vedremo, il pensare ossessivamente a tutti i dettagli delle tecniche per modificare la realtà, inibisce a sua volta il funzionamento corretto di una delle regole fondamentali: l'importanza.

Come ripetuto più volte dall'autore, questi argomenti non sono nuovi, si conoscono più o meno da sempre, ciò che è nuovo è piuttosto la creazione di tecniche di base che sono semplicemente verificabili da chiunque su base giornaliera. Le novità all'interno di questo libro sono fondamentalmente tre: l'inquadramento di questi argomenti dentro ad una teoria globale coscienza-materia, alcune nuove tecniche proposte da me per potenziare l'efficacia, ed infine lo sguardo oltre le attuali linee di realtà per comprendere il rapporto tra la materia «plasmata» ed il campo infinito, dove la coscienza è ad uno stato puro.

3.

REALITY TRANSURFING: CONCETTI FONDAMENTALI

Cos'é il Reality Transurfing?
Il termine surf sta ad indicare lo scivolamento, il lasciarsi accompagnare senza opporsi alla corrente: l'onda su cui si pratica il surf è però la *Realtà*. La realtà è lo spazio delle varianti. Il transurfing quindi è uno scivolamento attraverso lo spazio delle varianti inteso come una trasformazione in realtà di una variante potenzialmente possibile. Nasce come un insieme di tecniche per favorire il passaggio su nuove linee della vita.

Lo spazio delle varianti

È una struttura (o campo) d'informazione infinito che contiene tutte le varianti di tutti i possibili eventi, passati, presenti, futuri. È il campo metafisico per eccellenza. L'accesso a questo campo d'informazione è, in linea di principio, possibile: è da questo campo che provengono i saperi intuitivi e la chiaroveggenza. Le manifestazioni della realtà sono essenzialmente delle varianti realizzate. Il sogno è sostanzialmente un viaggio nelle varianti, siano esse passate, future, già realizzate, da realizzarsi o che non si realizzeranno mai.

Settore dello spazio delle varianti

A tutte le varianti appartengono scenari e decorazioni che servono per farci orientare e riconoscere i segni. Le decorazioni sono l'aspetto esterno più immediatamente visibile, mentre lo scenario è il percorso lungo il quale si muove la materia. Quando ci si muove nella materia ci si muove innanzitutto per settori, e i settori hanno degli aspetti caratteristici che sono più facilmente visibili nelle decorazioni. Tanto maggiore è la distanza tra i settori, tanto più forti sono le differenze negli scenari e nelle decorazioni.

Per comprendere in modo più pratico questi settori, scorriamo una biografia a caso tra quelle dei ricchi e famosi, ad esempio il noto attore Johnny Depp. Il settore attuale dello spazio delle varanti di Depp rientra in quelle eccezionali casistiche che definiamo «molto famoso, molto ricco, molto attraente». Vediamo come Depp si è spostato in questo settore, che era parecchio distante dal settore di partenza: fino a 7 anni Depp si trovava in un piccolo centro industriale del Kentucky dove suo nonno gli aveva trasmesso la passione per la musica. L'anno in cui il nonno morì, la famiglia si trasferì in Florida. Il settore dello spazio delle varianti si incominciava a spostare in modo brusco, e il nonno (non solo per la musica ma soprattutto per il fatto che morirà proprio in quel momento, favorendo la svolta) incarna il «Segno» (i segni conduttori sono quelli che indicano una svolta imminente). In Florida Depp incomincia a suonare con una band (i The kids). Negli anni ottanta la band venne ingaggiata per fare d'apertura a musicisti più famosi, come Iggy Pop, e nel 1983 Depp, in cerca di un contratto discografico, si sposterà a Los Angeles. Johnny Depp si è adesso spostato in un nuovo settore delle varianti che è molto più vicino al settore finale (che conosciamo noi). Facciamo attenzione al fatto che Depp si è spostato per la musica, non per il cinema (questo è uno dei fattori chiave della corrente delle varianti che vedremo tra poco). Essendo i settori più vicini, si incominciano a muovere le varianti, come fossero piccoli ingranaggi di un orologio. Questi ingranaggi ora sono più fluidi, le rotelle più piccole girano veloci e favoriscono il movimento (più lento) di quelle più grandi, che – a questo punto – possono muovere i fili delle nuove decorazioni appartenenti a settori decisamente mai incrociati prima: nel 1983, a soli vent'anni, Depp si sposa con la truccatrice Lori Ann Allison (di nuovo «la corrente») e nel frattempo diventa chiaro che la sua carriera da musicista non sta affatto decollando. Questi due eventi rivelano però un'altra svolta, l'ennesimo spostamento di settore: nel 1984 infatti Depp conosce l'amico di Lori (da cui divorzierà dopo soli 2 anni) Nicolas Cage (nipote tra l'altro di Francis Ford Coppola). Cage incoraggia Depp a fare l'attore e di lì a poco nasce la prima parte della sua carriera cinematografica, che culmina con con il successo della serie TV 21 Jump Street. Ci troviamo adesso in un settore che sembra davvero vicino, eppure tra il settore della superstar Johnny Depp e quello del volto famoso di una serie Tv c'é un mare in tempesta. La nuova svolta è provocata dal carattere inquieto (ricordate l'evento forchetta che cade dal tavolo influenzato dal vostro carattere?) di Depp che non è mai soddisfatto. Quando nel 1990 Tim Burton lo sceglie per Edward Mani di Forbice, ormai Depp si trova in quella che Zeland chiama *l'onda della fortuna* (un ammasso di linee particolarmente favorevoli). La carriera di Depp da qui decollerà, ma sarebbero ancora molti i passaggi su cui mettere le lenti del nostro microscopio, perché a volte, anche se i settori sono molto vicini, si rimane assolutamente ai margini per tutta la vita. Per passare da un settore all'altro bisogna sapere usare alla perfezione alcune tecniche. Questo breve excursus nella biografia di Johnny Depp ci fa capire che molte persone usano, assolutamente senza saperlo, tutti i giorni, alcune delle tecniche per spostarsi da una variante all'altra. A giocare una parte fondamentale in questi casi è la «regola dell'importanza» e il seguire la corrente delle varanti. Il destino non ha nulla a vedere con ciò che vi capiterà: siete voi ad attrarre il vostro destino.

Tecniche per muoversi all'interno delle varianti

Corrente delle varianti

I rapporti di causa-effetto generano la corrente delle varianti. La maggior parte dei problemi che si vengono a creare nella vita, si risolve da sola se non si ostacola la corrente delle varianti. Opporsi attivamente, continuamente alla corrente, equivale a consumare una gran massa di energia inutilmente. L'energia a cui mi riferisco è nostra e individuale, ed è quella che ci serve per navigare nella corrente, non va sprecata, non va buttata via. Normalmente sprechiamo questa energia in modo totalmente inutile per combattere i Pendoli (strutture energetiche d'informazione invisibile, di cui parleremo dopo).

Ogni volta che un automobilista vi taglia la strada e voi di conseguenza vi ostinate ad urlargli le vostre ragioni (alcune volte addirittura sfociando in una violenza fisica), state buttando via la vostra energia personale, e se qualcosa che desiderate veramente non si avvererà, dovrete dare la colpa solo a voi stessi. È abbastanza semplice da capire che questi sforzi di combattere la corrente sono totalmente inutili: qual è il vostro obiettivo? Insegnare ad un perfetto sconosciuto cosa è giusto e cosa è sbagliato? Una lezione?

E voi cosa ne guadagnate? Assolutamente nulla! State solo sprecando le vostre risorse in favore dei Pendoli.

Se non ci si inoltra nei meandri del problema e non si ostacola la corrente delle varianti, la soluzione arriva da sola, e per di più, sarà quella ottimale. Torniamo un attimo a Johnny Depp: cosa sarebbe successo se Depp, nonostante gli evidenti segnali che indicavano che la sua carriera da musicista sarebbe stata in salita, si fosse ostinato a combattere per imporsi? Probabilmente che non si sarebbe spostato in un settore delle varanti più ottimale. Giustamente molti di voi (me compreso) potrebbero obiettare che esistono altre centinaia di biografie che raccontano di ostinati, combattuti tentativi, che alla fine hanno raggiunto lo stesso lo scopo finale. Questo è sicuramente vero, però dobbiamo innanzitutto capire tre cose fondamentali. Prima cosa: questa pseudo-scienza embrionale è molto, molto complessa, nonostante i nomi ci sembrino facili e familiari (seguire la corrente, dare importanza, ecc). Seconda cosa: si può arrivare in nuovi settori delle varianti in molti modi, noi stiamo cercando di capire semplicemente come si guida la macchina nelle autostrade delle varianti non nei vicoli tortuosi. Terza cosa: il nostro settore ideale di destinazione finale è anch'esso molto complesso da identificare, e l'incapacità di seguire la corrente o di opporsi (rifiutandosi per esempio di spostarsi in settori che non ci sembrano correlati con i nostri obiettivi finali) è spesso causa di effetti collaterali dovuti ad un consumo pazzesco di energia che potrebbe lasciare il corpo inebetito e in balia degli eventi causati dai Pendoli.

Rimanendo in tema di musica e di celebrità, possiamo portare l'esempio della vita di una celebre cantante morta recentemente all'età di 27 anni: Amy Winehouse. A differenza di Depp, ha lottato continuamente contro svariate forze e correnti, pur di non deviare mai dal suo obiettivo finale, che era quello di fare la cantante jazz. Amy Winehouse era sicuramente una vera artista e sappiamo quanto i veri artisti non siano quasi mai propensi a cedere un millimetro sulla purezza delle loro intenzioni, ma pure all'interno di questo contesto, Amy, raggiunta la notorietà ha smesso di lasciarsi trasportare dalla corrente, neppure riguardo a scopi marginali rispetto all'intenzione della musica: non hai mai abbandonato i suoi rapporti di dipendenza, né con il marito Blake, né con il padre né come sappiamo - con alcol e droghe. Ha stagnato in un settore lottando contro tutte le correnti e buona parte dell'energia l'ha consumata per non cedere ai diktat delle case discografiche e del mondo dello show business. Se avesse recuperato dell'energia, almeno spostandosi in un settore transitorio per quanto riguarda i rapporti personali, avrebbe sicuramente potuto vincere contro le case discografiche restando viva. Ma, come abbiamo detto all'inizio, questa versione di Amy Winehouse esisterà sicuramente in un'altra linea di vita rispetto alla mia. Inoltre, sappiamo, che per richiamare a sé le particelle di coscienza in un dato universo, in quell'universo dobbiamo avere una superiore comprensione del matrix: se non comprendiamo la matrice, nonostante il nostro talento, la nostra spiritualità, avremo un basso fattore di autocoscienza: potrebbe non essere troppo azzardato pensare che più il nostro *saf* è alto in una linea di realtà (più comprendiamo la matrice) più ci spostiamo in settori delle varianti in cui vivremo di più, in quanto è ipotizzabile che in svariati universi finiremo per morire in molteplici circostanze perché privati della necessaria autocoscienza.

Ricordate Lauryn Hill la cantante del gruppo hip-hop soul Fugees? La sua storia ricorda molto quella di Amy Winehouse, e la sua fine, in questa linea di realtà, stava per essere molto vicina a quella della povera Winehouse. Però, anche se ormai stremata, ad un certo punto si è spostata dal suo settore Pop Star (che l'avrebbe annientata) ad un settore vicino, che l'ha salvata. Lauryn Hill, da quello che mi è dato sapere, ha un livello di comprensione della matrice più elevato rispetto a quello della Winehouse.

Importanza

La regola dell'importanza ritengo sia la regola più importante (scusate la ripetizione) tra quelle proposte da Zeland. Se ci si vuole spostare delicatamente (senza fare cadere i vasi e vedere i cocci sparsi) sulle onde delle varianti, bisogna saper maneggiare alla perfezione sia l'importanza interna sia - soprattutto - quella esterna. L'importanza nasce quando a qualcosa viene attribuito un significato eccessivamente grande. Si tratta, come dice Zeland, di potenziale superfluo allo stato puro, e per eliminarlo, le forze equilibratrici (le vedremo tra poco) creano problemi alla fonte che tale potenziale ha generato. La spia dell'importanza interna si accende quando c'é una sorta di sopravvalutazione dei propri pregi o dei propri difetti, la spia di quella esterna quando viene attribuito un significato troppo grande ad un oggetto, un evento, una persona del mondo esterno. Appena si accende la spia, entrano in gioco le forze equilibratrici che eliminano il potenziale superfluo. Abbiamo un disperato bisogno di un parcheggio perché abbiamo una dannata fretta? Stiamo letteralmente implorando che sbuchi un parcheggio vuoto dietro l'angolo? Scordatevi di trovarlo, le forze equilibratrici non solo non vi faranno trovare il parcheggio, ma creeranno un ingorgo intorno a voi per incanalare il potenziale superfluo creato dal vostro eccessivo desiderio. Il desiderio perturba tutta la corrente nei settori intorno a voi, e mette in moto delle forze contrarie che lavorano a livello subconscio.

Avete lo stesso bisogno del parcheggio ma da qualche minuto l'avete scordato perché state guardando la luna dal finestrino (e una voce al vostro interno vi sta dicendo «francamente non m'importa del parcheggio, non m'importa di niente, anzi mi farei volentieri ancora due giri in macchina perché alla radio passano una canzone che mi piace»): ecco in tre secondi una macchina che parte e libera un posto davanti a casa. Vi accorgerete che avrete imparato alla perfezione questa tecnica quando non saprete più distinguere tra un vostro «inganno» e un vostro pensiero inconscio.

Intenzione: unità anima-ragione

La regola dell'importanza non può nulla se non si è formata una cristallina, pura intenzione. L'intenzione comprende la meta finale che volete raggiungere e gli stadi necessari per raggiungere la meta. Ma l'intenzione non è il desiderio, è piuttosto la «risolutezza ad avere e ad agire».

Andiamo al classico esempio del caffè al bar: quando volete un caffè al bar in realtà il desiderio è soppresso dall'intenzione ad agire. Non state bramando il caffè (non sapendo se potreste averlo o meno) ma agite l'intenzione: entrate nel bar e lo ottenete. Questo passaggio dovete impiantarlo nella vostra mente: più vengono soppresse queste forze inutili (come il desiderio) che creano i potenziali superflui (generati sostanzialmente dalle domande che ammettono risposte ambivalenti), più l'intenzione è pura e andrà dritta alla meta senza ostacoli.

Ma non basta. L'intenzione per essere pura deve essere espressa dall'anima e integrata dalla ragione: è uno stato in cui i sentimenti dell'anima e i pensieri della ragione si fondono in un tutt'uno. Questa non è una mera speculazione filosofica ma è un dato di fatto fisico: è l'anima che ha accesso diretto allo spazio delle varianti non la ragione, ma è la ragione che poi ha la risolutezza ad agire. È nello spazio delle varianti che ci sono tutti gli eventi futuri: dovete creare un link tra voi e questo evento nello spazio delle varianti. Ma vediamo sempre un caso concreto: i soggetti «A» e «B» hanno più o meno le stesse possibilità economiche ed entrambi non posseggono una macchina. Esprimono entrambi la stessa intenzione - *Voglio la Mercedes Coupè*. Dopo 6 mesi «A» e «B» si incrociano al semaforo, «A» è al volante di una Mercedes Coupè nuova a fianco di Margot, mentre «B» di una BMW station wagon di terza mano a fianco di Sheila. Allora «B» abbassa il finestrino e chiede ad «A» - *come mai tu hai ottenuto tutto ciò che volevo mentre io no?* «A» risponde semplicemente - *probabilmente perché tu non la volevi davvero*. Ma come è potuto accadere? Andiamo dunque a scavare nelle pieghe dell'intenzione, torniamo a 6 mesi prima. «A» si trova nella sala d'attesa del dentista e sfogliando una rivista vede la pubblicità della Mercedes Coupè: sebbene non sia un particolare amante delle auto di lusso è folgorato dalla bellezza di quest'auto. È scattato qualcosa. Sa di non avere i soldi per comprarla, ed il fatto di non averla non gli crea nessun tipo di problema, la sua è a tutti gli effetti una intenzione pura legata al concetto di bello, tanto che la sua intenzione ad agire si manifesta subito: lo stesso pomeriggio va da un concessionario Mercedes per vedere l'auto. Non presta nessuna attenzione al venditore (che a quel punto non riesce neppure ad innestare pensieri negativi del tipo «Questo A se la potrà permettere?»), «A» è assolutamente preso dal design dell'auto, tocca le stoffe, gli strumenti, annusa l'odore della pelle, creando un primo fragile ponte tra lui e l'auto all'interno dello spazio delle varianti: la sensazione tattile e l'olfatto sono infatti mattoni assai resistenti su cui potrete costruire i ponti tra voi e gli eventi. Il pensiero di cosa possa farsene di questa auto non entra mai nella sua intenzione, né ci entra il pensiero del giudizio degli altri. «A» scatta qualche foto all'auto, in una si fa fotografare al volante tra il serio e il sorridente, ma soprattutto dallo sguardo dei suoi occhi si evince che c'é una simbiosi, una specie di amore corrisposto tra lui e l'*oggetto* (viene consolidato ancora il ponte).

Nei giorni seguenti, «A» guarderà qualche volta le foto, cercherà su internet il nome del designer della Mercedes che ha disegnato quest'auto, poi basta. Una volta messe le foto in una cartella del proprio computer, «A» non penserà praticamente mai più alla Mercedes (ma la visualizzazione lavorerà per lui a livello subconscio). Sono anni che «A» ha messo in vendita a 50.000 euro un casolare con un po' di terreno che ha ereditato da una zia a Chimberg, un posto sperduto a 2000 km da casa sua. L'unico agente immobiliare del luogo a cui ha dato in vendita la casa gli ha detto che non ci sono ormai più speranze di venderla (ecco un *segno*), così «A» ha fatto un po' di ricerche e, senza arrendersi, ha inserzionato da solo il casolare su un sito immobiliare di una grande città dove il costo degli immobili è salito del 40% (intenzione ad agire). Nel frattempo, senza che «A» ne sappia nulla, esiste «C». «C» viene *innescato* nello spazio delle varianti dall'uso corretto delle tecniche dell'importanza, della visualizzazione, della risolutezza ad agire, messe in atto da «A». «C» è un manager di una casa farmaceutica che vorrebbe mettersi in proprio nel settore vinicolo perché ha conosciuto uno zio di Charlotte che distribuisce il vino negli Stati Uniti. «C» sta andando incontro ad un divorzio dispendioso perché ha conosciuto questa donna di nome

Charlotte di cui si è innamorato. «C» due mesi prima ha cambiato la macchina e ha comprato una Mercedes Coupè (l'auto l'ha comprata quindi «prima» dell'intenzione di «A», ma nello spazio delle varianti il *tempo* è un concetto inesistente) ma il suo avvocato gli ha già comunicato che anche questa finirà dentro al dispendioso divorzio. «C» viene a sapere che un famoso viticoltore sta comprando dei terreni nella zona di Chimberg e il giorno dopo, quando sta cercando un appartamento in affitto in città, finisce sull'inserzione di «A». I *segni* rivelatori di «A», se seguiti, innescano *segni* rivelatori nelle linee di vita di altri («C»): sono meccanismi di ingranaggi che si muovono in un campo informativo globale. In questo momento «C» non ha assolutamente neppure i 50.000 euro per il casolare, ma guidato dall'intenzione telefona ad «A» e si incontra con lui il giorno dopo alle 3 del pomeriggio.

Alle cinque del pomeriggio «A», «C» e Charlotte escono dallo studio del notaio: «C» ha ceduto ad «A» la Mercedes Coupè, «A» ha ceduto a «C» il casolare che a sua volta l'ha intestato a Charlotte. La Mercedes Coupè è letteralmente «andata incontro» ad «A». Ma allora perché non è andata incontro a «B»? Torniamo a sei mesi prima: «B» frequenta i locali alla moda dove vanno le ragazze più belle. È frustrato perché le ragazze più belle arrivano e vanno via sempre con persone che hanno delle auto sgargianti e costose (discrepanza anima/ragione). Una ragazza in particolare gli piace, e questa (Margot) arriva sempre accompagnata da un uomo con una Mercedes Coupè: è in quel momento che «B» incomincia a desiderare la Mercedes Coupè (l'intenzione non è pura ma è confusa). Non va neppure a vedere l'auto perché sa che non può permettersela (non c'è azione), la sua intenzione è confusa, tanto che «B» decide di frequentare locali un po' meno alla moda e si accontenta di fare un finanziamento per una BMW usata con cui, dopo svariati faticosi tentativi, conosce Sheila in uno di questi locali. L'epilogo lo conoscete già.

Non prendete questa storiella troppo alla leggera: ricordate che senza l'intenzione ad agire, senza un'unità anima-ragione all'interno dell'intenzione, senza il controllo dei potenziali superflui e dello stato di perturbazione della corrente, anche il miglior uso della regola dell'importanza non partorirà alcun risultato.

Pendoli

Quando dei gruppi di persone cominciano a pensare in una stessa direzione, le loro onde mentali si sovrappongono e nell'oceano d'energia si creano delle strutture energetiche d'informazione invisibili ma reali: i pendoli.

L'idea di base si potrebbe raffigurare così: «A» è andato ad un importante incontro d'affari con il signor «B» a cui spera di vendere la sua società per un mucchio di soldi. Prima che l'incontro avvenga il suo esito non è 50/50 ma è già parzialmente determinato da potenziali pendoli.

Nel quartiere dove abita «A» infatti vivono 100 persone che conoscono a vari livelli «A» e che sono tutte al corrente di questo incontro: 80 nutrono sentimenti ostili nei suoi confronti (invidia, disprezzo, antipatia, *«A» è un buono a nulla*), 10 sono neutri, e 10 nutrono sentimenti positivi *(«A» è un genio, «A» si merita il massimo, «A» è forte e arriverà lontano)*.

Secondo l'idea di base di Zeland, l'incontro ha ottime possibilità di andare male a causa di questa struttura energetica formata dalle 80 persone con sentimenti di generica sfiducia nei confronti di «A». La cosa vi sembra assurda? Ricordiamoci un attimo di quando abbiamo parlato dell'esperimento di Princeton e dei generatori di numeri casuali: la coscienza globale modifica la sequenza dei numeri nel generatore.

In un sistema ristretto, 80 persone potrebbero fungere da pseudo-coscienza globale e influire sull'esito (1 o 0) dell'incontro. Ma qui le forze in campo sarebbero ancora più complesse, sia perché la qualità del sentimento ostile può avere effetti ben diversi (un conto è essere invidiosi di «A», un conto è disprezzare «A», un conto ritenerlo un incapace: ricordate i cristalli d'acqua di Emoto?), sia perché potrebbe influenzare sia «A» che «B», che l'evento «A-B». Potrebbe cioè andare male sia perché «A» è influenzato dal pendolo, perché lo è «B» o lo sono entrambi nel manifestarsi di quell'evento. Quale sia il vero motivo, pare proprio che le cose vadano così.

Quando dovete fare una cosa importante, di base è consigliabile fare sei semplici cose: non parlarne a nessuno, avere un atteggiamento neutro o neutro-cordiale verso tutti quelli che incontrate nei giorni precedenti, compiere delle azioni come se l'evento si fosse già realizzato positivamente (senza però contraddire le regole precedenti), abbassare al minimo l'importanza che attribuite all'esito, focalizzare perfettamente la diapositiva finale che volete. Immaginare – un'unica volta ! – la peggior situazione possibile e linkarla a questo atteggiamento: «mi viene da ridere, me ne frego se va tutto storto, ho già vissuto di peggio e comuqnue sono immortale per cui tutto è irrilevante». Quest'ultima immagine va creata ma non dovrete in effetti mai più recuperarla. Cosa invece non dovreste fare: parlarne con tutti, ancor peggio esprimendo le vostre preoccupazioni, avere un atteggiamento di sfida o superiorità verso chi già potenzialmente vi detesta, pensarci di continuo non avendo neppure chiaro a cosa porterà l'evento, immaginare scenari in cui l'evento va male.

Vedendolo scritto così sembra stupido, banale, ovvio e facile. Ma facile assolutamente non è: può essere semplice fare una sola di queste cose, due è già complicato, ma tutte insieme diventa tremendamente complicato. Come si fa per esempio a focalizzare il fine che desiderate senza focalizzare anche la paura che l'esito sia il contrario? Come si fa ad abbassare pure l'importanza se un esito negativo potrebbe farvi finire letteralmente su una strada? La risposta è semplice: abbassare a zero l'importanza di finire su una strada, ma senza creare una diapositiva mentale.

D'accordo è complicato, ovviamente è complicato. Vedremo dopo come fare queste cose, adesso finiamo di analizzare le altre strutture che dobbiamo tenere sotto controllo: eh sì, ce ne sono ancora!

Potenziale Superfluo

È una perturbazione locale in un campo magnetico omogeneo. Questa disomogeneità viene creata dall'energia mentale quando ad un determinato oggetto viene attribuito un significato eccessivo. Il desiderio ansioso, la forte insoddisfazione, l'entusiasmo, l'idealizzazione e la forte paura, creano tutti del potenziale superfluo.

Forze equilibratrici

Quando si genera un potenziale superfluo entrano in gioco le forze equilibratrici finalizzate ad eliminarlo. L'entrata in campo di queste forze si può facilmente visualizzare confrontando queste due situazioni: nella prima, voi siete in piedi sul pavimento di casa, nella seconda siete in piedi sull'orlo di un precipizio. Nel primo caso la situazione non vi agita minimamente; nel secondo, invece, la situazione ha un forte significato: un minimo movimento potrebbe farvi cadere nel vuoto. Sul piano energetico, il fatto che siate in piedi ha uguale significato sia nel primo che nel secondo caso. Ma, stando in piedi sull'orlo del precipizio, siete invasi dal panico che crea una disomogeneità nel campo energetico. Il risultato è che compaiono le forze equilibratrici, finalizzate ad eliminare tale disomogeneità. Sentirete i loro effetti concreti: una forza inspiegabile vi attirerà in giù, e dall'altra tenderà ad allontanarvi dall'orlo del precipizio. Il fatto è che per eliminare il potenziale superfluo del vostro panico, le forze equilibratrici devono o trascinarvi via dall'orlo o buttarvi giù. Il potenziale surplus energetico non può rimanere lì a lungo.

Vediamo un altro esempio: tutti i giorni andate al supermercato, non fate caso a come siete vestiti o truccati, fate la spesa cercando di spendere meno, scherzate con l'addetto ai salumi e con la cassiera. Tutto il personale del supermercato vi consoce e, per quel che si può, vi apprezza. Un giorno però notate all'entrata una nuova cassiera, non solo pensate che è molto bella ma che è proprio il vostro tipo ideale. Improvvisamente vi sistemate i vestiti e i capelli, fate caso che avete una macchia nella maglietta, non state più comprando i prodotti in sconto ma prodotti a caso, adesso vi sembra che l'addetta alla salumeria non sia tanto felice di vedervi e che abbia notato che siete pallidi e avete una macchia nella maglietta. Improvvisamente vi scontrate con due persone con il carrello della spesa e quando arrivate alle due casse vedete che in quella dove c'é la nuova cassiera che vi piace non c'é coda, nell'altra invece c'é coda. Non sapete perché, ma voi vi metterete nella coda più lunga dove non c'é la cassiera che vi piace. Sono le forze equilibratrici che vi hanno spinto lì per eliminare il potenziale superfluo e la perturbazione che avete creato. Le forze equilibratrici «agiscono» tramite le persone che vi stanno intorno (ma anche tramite gli oggetti inanimati) attraverso una co-creazione stimolata da voi e trasmessa simultaneamente a livello subliminale *via* particelle di coscienza che – come abbiamo visto – lavorano in stato entangled. In sostanza, fate il contrario di ciò che avete sempre fatto e di ciò che avreste voluto fare. Facendo così immaginate di posizionarvi in un settore laterale dello spazio delle varanti, come se voi non foste realmente lì, e come se si potesse rimandare ad un'altra occasione. Ed ecco il grande errore: non avete usato la regola dell'importanza (non l'avete subito abbassata) e non avete usato la corrente per scivolare nello spazio delle varianti. Cambiando coda state in effetti «perturbando» la corrente delle varianti e state per finire in un settore molto, molto periferico. Altro che rimando a domani! È la corrente che si deve occupare di voi, non potete surfare contro l'onda: è peggio l'effetto che otterrete perturbando la corrente piuttosto che mostrarvi con la macchia sulla maglietta ed i capelli sporchi di grasso: la prima comunicazione che arriva su di voi non è la macchia sulla maglietta (o l'ustione del volto, il braccio amputato, ecc) ma l'emissione della vostra frequenza nel campo circostante. Lo spazio delle varianti può essere il perfetto meccanismo di un orologio se vi lasciate condurre: se siete già entrati nell'ordine di idee di ottenere qualcosa nuotando contro corrente preparatevi ad un lungo zig-zag il cui esito si preannuncia tutt'altro che favorevole.

Onda della fortuna

L'onda della fortuna si forma come un ammasso di linee particolarmente favorevoli per voi personalmente. È una specie di vena d'oro: se siete capitati su questa linea estrema potete scivolare per inerzia su altre linee dell'ammasso dove vi attenderanno nuove circostanze fortunate. Ma se al primo successo è seguito un evento nero significa che un pendolo distruttivo vi ha agganciato e vi ha allontanato dall'onda della fortuna. Non possiamo sapere chi e quando si sta «sintonizzando» su di noi perturbando la nostra onda di circostanze fortunate.

Segni

I segni indicano una svolta imminente della corrente delle varianti: sta incombendo qualcosa in grado di esercitare un'influenza sostanziale sul corso degli eventi e state per passare su un'altra linea della vita. I segni possono essere percepiti deboli, intensi o quasi insignificanti, ma in ogni caso si percepisce la qualità del segno: qualcosa non sta andando come al solito. I segni indicano un'imminente svolta, ma non date per scontato che avvenga, dipende infatti da voi cogliere il segno e mettere in moto azioni conseguenti. La svolta non è per forza una linea della vita migliore, così come la immaginate. Spesso un segno è riferito a qualcosa d'immediato che poi vi porterà in una linea dove otterrete qualcosa di più fondamentale che apparentemente non era *linkato* al segno, ma che fungeva da blocco stradale per la nuova linea della vita.

Freiling

Il modello del transurfing di Zeland non prevede che si possa influire direttamente, con le tecniche di gestione della realtà, su altri individui e specificatamente sulle relazioni interpersonali con altri individui. In realtà, non viene esclusa del tutto la possibilità, ma la si da per estremamente remota, in quanto non si può entrare tecnicamente nella mente di un'altra persona per dirgli ad esempio «tu ora sei innamorato di me» o «attraversa la strada e cammina accanto a me». Quando fissiamo un fine è poi tutta la realtà nel suo complesso che si muove, secondo il transurfing, verso di noi. Questa parte, come molte altre, ritengo siano piene di zone buie e poco convincenti. Noi però abbiamo affrontato questo problema a monte, parlando di *saf*, di particella della coscienza e dell'ipotesi a molti mondi. Per cui noi possiamo tranquillamente immaginare che influenzando la coscienza di una persona stiamo continuamente creando nuove linee di realtà, spostando consapevolezza da un universo all'altro. Parleremo di questo dopo. La tecnica del freiling invece è interessante ed efficace per la gestione delle relazioni interpersonali. Il suo principio è questo: rinunciate all'intenzione di ottenere, sostituitela con l'intenzione di dare e otterrete ciò a cui avete rinunciato. Questo effetto si basa sul fatto che la vostra intenzione interna non sta forzando quella del partner danneggiando i suoi interessi (provocando una reazione contraria). Questo effetto si può facilmente misurare immediatamente sia nelle relazioni interpersonali che lavorative. Usiamo quotidianamente questa tecnica in modo inconsapevole (e probabilmente non sempre bene). Un agente immobiliare smaliziato che ha urgente bisogno di piazzare un immobile cercherà di presentare l'appartamento come un incredibile affare che sta riservando per il cliente (dare), piuttosto che pressarlo con richieste sempre più insistenti (avere). Quando gli uomini corteggiano una donna, all'inizio sono quasi sempre in modalità dare. Questa tecnica però, da sola, non otterrà alcun risultato rilevante: perché tutto funzioni si deve un approccio integrato. Quando vi lamentate perché il vostro cane saluta più affettuosamente il vostro partner di voi, avete davanti agli occhi la prova che la vostra modalità «avere» (amami, salutami calorosamente, fammi sentire bene, ecc) è percepita ancor prima che avvenga l'interazione, e la risposta del cane sarà di natura repulsiva.

Prima di introdurre nuovi concetti e tecniche, che sono propri di questo libro, riassumiamo gli elementi minimi di base per muoversi nelle varianti:

• *Intenzione*

Unità anima-ragione: focalizza cosa vuoi e agisci.

• *Importanza*

Abbassa l'importanza al minimo: sei vuoto.

• *Corrente delle varanti*

Non opporti di continuo agli imprevisti: segui la corrente più che puoi e vedi dove ti porta.

• *Pendoli*

Non lasciare che la tua energia venga risucchiata da queste strutture.

• *Potenziale superfluo*

Non creare potenziali superflui: lavora a stretto contatto

con l'importanza.

• *Segni*

Sii sempre attento a cogliere i veri segni: lavora in sintonia con la corrente delle varianti.

4.
L'INFORMAZIONE NEGLI STATI ALTERATI DI COSCIENZA

Come abbiamo visto, le tecniche principali per influenzare il corso degli eventi hanno tutte a che fare con la capacità di modificare il livello d'attenzione e focus della coscienza. È esattamente quello che fanno, a titolo diverso, le sostanze stupefacenti e le bevande alcoliche. Non a caso Terence McKenna, nel suo famoso libro, le chiamava *Food of Gods*, ossia il cibo degli Dei. L'intenzione, l'importanza e i potenziali superflui, nel caso di assunzione di cocaina, vengono attivati automaticamente e tenuti sotto stretto controllo da specifici sensori che rilevano i valori, comunicando con un sistema autonomo che sembra bypassare la nostra abituale vigilanza. La nostra coscienza funziona in modo simile alle moderne automobili che hanno una gestione elettronica di tutti gli aspetti dell'auto, dal motore alle luci, dai freni alla musica. Quando l'elettronica non funziona e non segnala che c'é un'anomalia, la macchina può fare cose imprevedibili per cui non sembrava essere stata programmata. In particolare molte auto hanno dei sensori che limitano la potenza del motore e gestiscono la morsa dei freni. Quando questi due sensori vanno in tilt (o vengono manipolati dall'esterno), la macchina può andare fino 100Km più veloce e può anche smettere di frenare del tutto.

La cocaina ha lo stesso effetto sulla nostra coscienza: inganna i nostri sensori. La macchina umana va molto più veloce ed i freni inibitori svaniscono. Questo accade simultaneamente ad un radicale abbassamento dell'importanza e ad un annichilimento dei potenziali superflui. L'assunzione di una dose consistente di cocaina pura fa si che focalizziamo il nostro obiettivo velocemente, lo distinguiamo perfettamente tra i mille possibili e agiamo immediatamente, senza creare tutti quei pensieri («Ce la farò? Starò facendo la cosa giusta? E se andasse male? Cosa ne pensano di me?» ecc...ecc) che sono origine di potenziali superflui che ostacoleranno la realizzazione dell'intenzione nello spazio delle varianti. Abitualmente i giovani usano la cocaina per diventare più sicuri di sé e più euforici in contesti di socializzazione. I neurologi descrivono il fenomeno come un'alterazione a livello del sistema nervoso, che risulta in un aumento della *dopamina* (neurotrasmettitore della famiglia delle catecolamine) nelle terminazioni sinaptiche. Ma sul come poi questa chimica influenzi la nostra coscienza e la nostra capacità di influenzare gli eventi, non si è mai giunti ad una conoscenza precisa. Ci si limita a dire che siamo più euforici e sicuri di sé.

Vediamo invece la cocaina in azione, a livello dello spazio delle varianti, in un tipico contesto di socializzazione in discoteca. Il nostro tester «A» entra in un locale dopo aver assunto (per la prima volta) una consistente dose di cocaina pura: la sala è piena ma «A» non crea alcun potenziale superfluo («c'é troppo caos, mi spingono, è un posto depersonalizzante», ecc). La sua coscienza è infatti totalmente focalizzata al fine d'individuare la miglior variante nella corrente degli eventi. «A» improvvisamente, tra centinaia di variabili, individua senza esitazione la sua ed agisce. Si avvicina alla ragazza «B» ed agisce la sua intenzione. «B» non può avvertire potenziali superflui e non percepisce alcuna perturbazione nella corrente: tutto avviene quasi ad un livello subliminale, ma estremamente naturale. «A» potrebbe ricevere 3 indicatori di rifiuto da parte di «B», ma, ancora una volta, non si fermerebbe a creare potenziali superflui perché il suo sensore che fa scattare le forze equilibratrici è bypassato, ingannato, disabilitato, spostato su altre soglie. Se tutto fila liscio, «A» ottiene da «B» ciò che vuole, ma se qualcosa va storto, il sensore scatta immediatamente appena si attiva un minimo potenziale superfluo, ed «A» torna a riformulare un nuovo fine, che identifica in «C». Questo gioco di ottenimento-rifiuto va avanti finché la somma di questi piccoli potenziali superflui rilasciati diventa così elevata che il sensore non riesce più ad evitare di scattare immediatamente, e si torna in una situazione di balia della corrente. Si dice comunemente che è finito l'effetto della cocaina. Da quel momento in poi «A» è intrappolato nella spirale della dipendenza. La buona notizia è che questi superpoteri si possono ottenere anche senza l'uso della cocaina ma con l'utilizzo di queste tecniche. Non si tratta d'altro, come abbiamo visto, di disabilitare il funzionamento delle soglie dei nostri sensori a livello della coscienza. La brutta notizia è che è molto difficile da realizzare. I superpoteri di solito sono una prerogativa dei supereroi! Come abbiamo visto in questo esempio, si può in realtà influenzare le persone in modo assolutamente diretto utilizzando l'inganno. Non è un inganno nei confronti degli altri, ma un inganno nei confronti di noi stessi! La cocaina viene spesso utilizzata anche in contesti lavorativi, e il procedimento è sempre lo stesso: «A» convince «B» perché abbassa l'importanza, focalizza il fine, non innalza potenziali superflui e scivola nelle varianti. Ma cosa succede a livello di «B»?

Fino a che «A» non è entrato in contatto diretto con «B», «B» ha tutta una serie di preconcetti e schemi riguardo ad «A» e a come verrà gestita l'interazione con «A». Questi schemi o modelli non sono altro che una serie di varianti all'interno di un settore contiguo del suo spazio delle varianti. È energia che emette ad una certa frequenza. Ed è allo stesso tempo un pendolo energetico alimentato da tutta una serie di schemi pre-esistenti e condivisi che fanno parte della matrice. Quando «A» entra in contatto di prossimità fisica con «B», il suo settore proiettato delle varianti è meno fluido di quello di quello di «B», che è più denso. Questo fa si che le varianti di «A» non vanno a scontrarsi con quelle di «B» creando attrito, ma neppure vengano inglobate (non si assoggettano al pendolo): semplicemente ci finiscono morbidamente dentro come fa l'olio dentro un bicchiere d'acqua. L'olio sono le varianti di «A» che rimangono compatte e non si fanno permeare, l'acqua sono le varianti di «B» che contengono l'olio ma senza riuscire a permearlo. Quello che succede è che «B» rimane ingannato, senza un aggancio, e questo si traduce anche in un allentamento dei propri schemi delle varianti. È in questo momento sospeso che «A» può fare breccia nello schema di «B», come se stesse metaforicamente mescolando l'olio con un cucchiaio all'interno dell'acqua. Finché si continua a mescolare, l'olio (le varianti finalizzate da «A») si fanno breccia in quelle di «B» e le modificano. In modo automatico (sempre tramite fenomeni di entanglement) lo schema di «B» si rimodifica come se «B» fosse sotto ipnosi. La brutta notizia è che non appena questo effetto transitorio finisce, l'olio si ricompatta e «B» torna ad avere i propri schemi esattamente come prima. È in quell'interregno che «A» deve e può ottenere ciò che desidera proiettando la sua variante. Queste schermaglie avvengono 24 ore al giorno tra le persone attraverso le proiezioni delle proprie varianti, qui abbiamo visto come l'atteggiamento più idoneo sia quello di far vibrare le proprie varianti in modo che possano passare attraverso a quelle degli altri senza disgregarsi e senza creare attrito. Nel bicchier d'acqua delle varianti degli altri non bisogna buttare né una pietra (è vero che la pietra non si fa permeare, ma farà schizzare l'acqua e la farà fuoriuscire dal bicchiere), né un succo d'arancia (che finirà per mischiarsi con l'acqua), ma piuttosto dell'olio che rimarrà in superficie senza perturbare la consistenza dell'acqua.

L'alcol ha invece un'altra caratteristica più elementare: abbassa l'importanza per un breve periodo, ma senza riuscire ad ingannare i sensori che fanno scattare i potenziali superflui, né aiutano sostanzialmente a modificare la qualità dell'intenzione.

Discorso a parte meritano le sostanze allucinogene o psichedeliche come ad esempio l'acido lisergico, più noto come LSD. Queste sostanze hanno i loro effetti non nello spazio delle varianti ma direttamente nel campo d'informazione, o comunque ad un dato livello del campo d'informazione. Sicuramente in uno spazio che sta oltre tutte le potenziali variabili di tutte le linee di vita possibili e il puro campo d'informazione. Tornando alla metafora dell'elettronica dell'auto, adesso ciò che avviene non è più un'alterazione del sensore della velocità, ma un'alterazione del significato di tutta l'automobile. Adesso l'auto non è più unicamente liberata dalle leggi dei suoi sensori legati alle singole prestazioni, ma ciò che viene disabilitato è l'identità materiale dell'auto: l'automobile torna ad essere una delle forme possibili derivata dal modo in cui si legano le particelle subatomiche di cui è composta. L'auto può diventare un aeroplano, può attraversare le pareti, può distorcersi, svanire o persino diventare un albero o un coniglio. L'effetto dell'acido lisergico è quello di annullare il campo materiale e l'identità materiale.

Molti mi chiedono spesso come si possa influenzare la propria realtà o le relazioni interpersonali facendo uso di LSD. La risposta non è di quelle semplici, anche perché la casistica di due o più persone che interagiscono sotto l'influenza di LSD non è molto cospicua. Proviamo ad immaginare il caso di «A» e «B» che interagiscono soli in una stanza: «A» è sotto effetto di LSD, «B» no. «A» sta emettendo ad una frequenza che è irricevibile per «B», che quindi noterà unicamente dei segnali che interpreterà come fuori schema nel contesto della sua linea di realtà. Per «B», «A» sarà etichettato come comportamento bizzarro causato da stupefacenti. «A» invece potrà accedere, se ne sarà in grado e se il contesto dell'interazione lo permette, a nuove informazioni relative a «B», informazioni a cui neppure la parte cosciente e razionale di «B» riesce ad accedervi quotidianamente. Come abbiamo visto, il campo d'informazione è probabilmente diviso in strati, gli strati più essenziali per vivere nella linea di realtà che conosciamo sono quelli più direttamente accessibili dalla coscienza, in quelli più profondi invece l'informazione diventa sempre più disgregata: immaginate che un'equazione sia l'informazione a cui accede la coscienza, mentre tutti i membri dell'equazione scomposti siano l'informazione ad uno stato più profondo. Con i membri dell'equazione si possono scrivere molteplici equazioni dal significato totalmente diverso. Ecco cosa succede durante l'uso di LSD: «A» otterrà delle informazioni su «B» sotto forma di frammenti più fondamentali di «B», ma questi frammenti da soli non significano di per sé nulla. Questa informazione va poi assemblata e decodificata, e per decodificarla, «A» non potrà usare i suoi normali metodi e schemi con cui si orienta normalmente nella realtà di tutti giorni, ma utilizzerà un decoder diverso che verrà però fortemente schermato dalle sue emozioni che sono esasperate dall'acido lisergico. In definitiva, «A» otterrà sì delle informazioni su «B», ma questi frammenti d'informazione verranno riassemblati usando l'emotività di «A». «A» quindi otterrà in realtà informazioni su «A-B» piuttosto che su «B»: è davvero un mondo bizzarro a cui non siamo abituati. Se sarà capace di sottrarre il valore/significato di «A» dalla interazione «A-B», allora sì, potrà conoscere un livello più profondo dell'organizzazione del campo d'informazione di «B». E ovviamente potrebbe usarlo per ottenere qualcosa da «B», a questo punto, senza che «B» neppure se ne renda conto, perché gli input di «A» non saranno gestiti direttamente dallo strato cosciente di «B». Ad esempio «A» potrebbe visualizzare una profonda paura di «B», ma allo stesso tempo potrebbe visualizzare una minaccia per se stesso. «A» infatti accede ad uno suo campo interno che sarà fortemente mediato dalle emozioni, e ad un campo esterno di «B», che potrebbe però riconfigurarsi come una proiezione del suo stesso campo. Più l'informazione diventa pura, più il suo significato diventa molteplice, viceversa il suo significato diventa univoco. Per questo il campo d'informazione della matrice è tutto fuorché puro, e il suo significato è semplice e stereotipato.

Anche nella fisica delle particelle elementari, più ci si avvicina agli elementi costitutivi, più il comportamento delle particelle diventa complesso e l'informazione veicolata diventa ricca. Il complesso mente-coscienza, sotto l'effetto dell'LSD, si comporta - per certi versi - come se fosse improvvisamente capace di vedere simultaneamente il comportamento onda-particella dei fotoni durante il famoso esperimento della doppia fenditura, o come se potesse interpretare le manifestazioni di entità fisiche più fondamentali, ed accedere a dimensioni nascoste, così come previste dalla teoria delle stringhe.

In conclusione possiamo affermare che gli effetti delle sostanze stupefacenti sulla coscienza sono una chiara evidenza di come sia possibile modificare la gestione della realtà regolando i nostri sensori interni che allertano l'importanza, il focus, i potenziali superflui e gli schemi stessi con cui si decodifica l'informazione dalla materia. Le sostanze allucinogene sembrano inoltre in grado di de-codificare quella capacità di cui parlavamo a proposito di Pac-Man, ovvero la gestione dello scenario attraverso una comprensione più elevata dell'informazione dell'ambiente circostante, e una modifica dell'emissione della propria energia per permeare ambienti che sono normalmente impermeabili.

Sogni - Alcuni ritengono che i sogni siano manifestazioni di possibili varianti all'interno del continuum spazio-tempo. Potrebbero essere eventi che possono realizzarsi (o si sono già realizzati) all'interno della nostra linea di vita o in altre. È d'altro canto inconfutabile che la componente emotiva sia strettamente legata ai sogni e che orienti il nostro viaggio all'interno delle varianti a seconda delle nostre emozioni, desideri, e paure più profonde mai risolte. I sogni, è inutile negarlo, rimangono un mistero assoluto. La funzione del sogno ed i suoi effetti energetici sono invece meno misteriosi. Attraverso il sonno ed i sogni ricarichiamo il nostro corpo e la nostra coscienza, ma è la qualità del sonno e i temi dei sogni che sembrano fare la differenza sul tipo di ricarica energetica che riceveremo. Lo stesso Zeland fonda una buona parte del funzionamento del transurfing su quello che chiama il «fruscio delle stelle al mattino», che identifica come un momento di sospensione tra la ricarica energetica/ritorno dal viaggio nelle varianti e l'innesto della marcia nella linea di vita attuale. Nel momento del risveglio si è normalmente assaliti dagli assilli e le preoccupazioni della vita quotidiana, e questi diktat che imponiamo a noi stessi hanno l'effetto di consumare quel poco di nuova energia di cui ci siamo appena ricaricati. Come avrete già sperimentato decine di volte, la qualità del sogno, più che la qualità del sonno, sembra avere un'influenza enorme sul resto della nostra giornata. Quando veniamo svegliati nel mezzo di un bellissimo sogno, se non indugiamo ancora qualche minuto a letto per aggrapparci ancora a quell'essenza, questo tende a svanire rapidamente. Quando, viceversa, riusciamo a visualizzare bene - come se fosse una fotografia tridimensionale che emette odori, suoni ed emozioni - il sogno, l'energia di questa ipotetica variante ci accompagnerà ancora per qualche ora, per dei giorni, e a volte anche per una vita intera. È quindi altamente consigliabile, anche a costo di arrivare tardi al lavoro o ad un appuntamento, indugiare almeno 5 minuti aggrappati al sogno, e comunque subito dopo creare questa immagine sensoriale, che andrà così a depositarsi in uno strato inferiore di coscienza. Sul significato dei sogni accenneremo qualcosa più avanti. Adesso, con l'aiuto di nuove tecniche, mettiamo alla prova quanto abbiamo imparato fino a questo momento: preparatevi a stupirvi come mai prima d'ora.

5.

PLASMARE LA REALTÀ

La probabilità di fare accadere qualcosa nella nostra linea di realtà è proporzionale alla purezza dell'intenzione e alla prossimità della variante:

$Ep = Vp \times Ii$

Questa equazione è sicuramente vera se vivessimo come coscienza direttamente nel campo d'informazione. Se vogliamo riportare questa legge all'interno delle nostre linee di realtà, dobbiamo introdurre delle altre variabili, e l'equazione si presenta in questa forma:

$Ep(R) = [\,(\,Vp\,/\,At\,) \times (Ca/MEt \times mEt) \times Ii\,]\,/\,(nSAf\,/\,nIt)$

Dove Ep sta per Event probability (probabilità che si verifichi un evento), Ii per Intention intensity (l'intensità dell'intenzione), Vp per Variation Proximity (la prossimità con la variante della realtà), At per Action time (il tempo intercorso tra l'intenzione e l'azione per realizzare l'intenzione), mEt per minimum event timing (il tempo minimo che deve per forza intercorrere tra la Ca e la realizzazione dell'evento, calcolato nel valore massimo di Ca e Ii), MEt è il maximum event timing (il tempo massimo per cui un evento tende a generarsi per inerzia), Ca per Coherence action (la coerenza dell'azione intrapresa), nSAf per la quantità di self awareness factor per numero di persone, ed infine nIt sta per Intention Transfer number (il numero minimo necessario di volte che l'intenzione originale dovrà essere trasferita da una persona all'altra (da una coscienza all'altra) per raggiungere lo scopo finale che scatena l'evento. Da questa equazione non si può trarre direttamente l'Ep (la probabilità dell'evento), se non eseguendo una serie complessa di calcoli che permette sia di tradurre i singoli valori come Vp, Ii, ecc, in delle scale rapportabili alla varianza della probabilità Ep, sia di estrarre la costante R dai valori del tempo minimo per l'evento, il tempo di azione, ecc, che permette di calcolare la probabilità in base al tempo. Il parametro del tempo è molto complesso perché ogni evento ha un suo specifico action timing ottimale che dipende dal MEt che è un valore che tende all'infinito, a meno che non venga estratto dalla costante R. Il valore della costante R è attualmente oggetto di studi matematici. Il tempo, in questa equazione, è inteso come la sequenza di fotogrammi statici che compone il moto della coscienza da un fotogramma all'altro.

Senza inoltrarsi nelle complessità matematiche, possiamo però facilmente dedurre da questa equazione che la probabilità di fare accadere un evento è direttamente proporzionale alla prossimità della variante ed inversamente alla qualità del *saf* per numero di persone coinvolte. Più persone con alti livelli di *saf* sono coinvolti nella realizzazione della nostra variante, meno probabilità abbiamo di realizzarla. Viceversa se la nostra variante è di fronte a noi, e sono coinvolti solo elementi privi di coscienza (per esempio oggetti inanimati), allora l'intenzione ed il tempo d'azione sono fondamentali. Questa equazione è applicabile in un continuum che va dal sasso fino a Dio, passando per tutti i fattori di autocoscienza attribuibili quotidianamente alle persone che incrociamo, e a quelle che sono distanti (ma sono comunque coinvolte nella realizzazione della variante). Dando poi per scontato che si possa emettere sempre un'intenzione di alto livello (Ii, Intention intensity), vediamo che a parità di settore della variante (Vp, Variation Proximity), diventano fondamentali, al fine di aumentare la probabilità di un evento, il tempo d'azione (più il tempo è minore più è efficace) e la coerenza dell'azione (più la coerenza è alta più aumenta la probabilità). Non fatevi spaventare dalla Coherence action, per ottenere buoni risultati basta semplicemente che l'azione intrapresa sia chiara e semplice (anche rischiando di essere troppo diretti), perché sarà l'Intention intensity (Ii) a potenziare il segnale se il segnale è coerente. Se non è coerente ma confuso, si amplificherà solo rumore di fondo. L'intensità dell'intenzione è una forza complessa che viene forgiata dall'insieme di tutti quei meccanismi/tecniche che abbiamo visto in precedenza, non si tratta infatti solo dell'intenzione anima-ragione, ma del controllo di una serie di fattori che vanno poi a tenere sotto scacco i potenziali superflui. Bisogna spendere qualche parola in più sull'At, cioè il tempo che trascorre tra la vostra intenzione e l'azione che andrete a compiere. Come abbiamo visto, se la variante è vicina, l'action time gioca un ruolo fondamentale, e cioè, minore è questo tempo di azione maggiore è la probabilità che l'evento si realizzi. Questo vale in particolar modo quando ci troviamo di fronte alla variante e quando nella variante è coinvolto del *saf* con «n» diverso ovviamente da zero.

Vediamo un semplice esempio nelle sue varie ramificazioni: modificando alcuni fattori otterremo una diversa probabilità che l'evento si realizzi. Per comodità supporremo che l'Intention intensity sia sempre uguale (diciamo che abbiamo imparato ad emettere correttamente usando al meglio tutti i nostri sensori interni).

Voglio un caffè

Siete in strada e all'improvviso esprimete l'intenzione di prendere un caffè macchiato al bar. L'evento che volete fare accadere è «bevo caffè macchiato al bar». Vediamo di utilizzare l'equazione di cui sopra nei tre casi estremi, e cioé con il valore di prossimità della variante (Vp) alto/basso, con il tempo di azione (At) alto/basso, e la coerenza dell'azione (Ca) alta e bassa. Verifichiamo quanto cambia l'Ep «bevo caffè macchiato al bar». Infine varieremo il numero di *saf* coinvolte. Siccome bere un caffè al bar è un evento soggetto normalmente a bassi potenziali superflui, immaginiamo di avere sempre un valore di Ii (l'intensità dell'intenzione), in una scala da 1 a 100, al massimo, cioè a 100. Ricordo che stiamo facendo un esempio, in quanto il valore di Ii rientra in una scala che dipende dalla varianza della probabilità Ep, quindi questi calcoli che faremo sono semplicemente un divertissement che ci permette di comprendere come sono legati grossolanamente i parametri nelle azioni quotidiane.

A) Ci troviamo in una strada dove a vista d'occhio si vedono 3 bar. La prossimità della variante si trova ad un valore (da 1 a 100), per comodità, di 100. L'equazione, nel momento che esprimiamo l'intenzione si trova in questo status:

caffèmacchiato $P = [(100/At) \times (Ca/mEt) \times 100] / (nSAf/nIt)$

In questa fase si dice che l'evento si trova in uno stato di indeterminatezza, proprio come i fotoni prima che vengano misurati nell'esperimento della doppia fenditura. Quando entriamo nel primo bar, lo troviamo vuoto, c'é solo il barista. Supponiamo che il barista abbia un *saf* molto basso, diciamo in una scala da 1 a 100 a 1.

Quando diciamo 1, stiamo supponendo che ci sia un valore di 99 che sta spalmato nel multiverso dove gli alterego del barista (che nel multiverso ovviamente non farà solo il barista) avranno un fattore di coscienza maggiore. Abbiamo già visto cosa sia il self awareness factor, e qui per comodità supponiamo che 1 sia un valore che si approssima al significato di «automa governato dalla matrice». Questo significa che il barista interviene sulla realtà in modo stereotipato e prevedibile: se le richieste sono chiare e coerenti, il barista non alzerà potenziali superflui. Allora in questo caso avremo anche un nIt uguale a 1, in quanto l'unico passaggio necessario di intenzione è da voi al barista, che sarà quello che scatenerà l'evento. Nel caso ci fosse l'intermediazione di un cameriere questo numero sarebbe almeno 3, perché avremo il passaggio dell'intenzione da voi al cameriere, dal cameriere al barman, dal barman al cameriere, e quest'ultimo scatenerà l'evento.

Nel nostro caso, l'equazione diventa:

caffèmacchiato P = [(100 / At) x (Ca/mEt) x 100] / (1/1)

ovvero, caffè macchiato p = (100 / At) x Ca x 100

Adesso supponiamo che l'action time sia immediato e che tra l'intenzione e l'azione (Ca) intercorrano 15 secondi (cammino, entro e performo la Ca):

caffèmacchiato P = (100 / 0,004) x (Ca/mEt) x 100

Dove 0,004 sono i 15 secondi calcolati in ore. Supponiamo ora che la mia Ca sia perfettamente coerente - *Buon-*

giorno voglio un caffè macchiato e che da un valore da 1 a 100, l'azione sia coerente 100 e che 45 secondi siano il tempo minimo affinché il barman (ricevuto l'ordine) prepari il caffè, lo posi sul banco e voi iniziate al berlo.

caffè macchiato p = (100/0,004) x (100/0,012) x 100

Dove 0,012 sono i 45 secondi calcolati in ore.

caffè macchiato p = 250.000.000

Come ho già detto, ho espressamente tolto dai calcoli alcuni coefficienti come R e MEt, il cui calcolo esatto probabilmente prenderebbe più tempo della stesura del libro stesso!
Limitiamoci a supporre che 250.000.000 equivalga ad un range di probabilità che sta tra 95-99 %.
Ora divertiamoci a spostare un singolo coefficiente alla volta, incominciando dalla Ca (Coherence action): faccio la stessa cosa di prima, entro nello stesso bar, ma questa volta dico solo *Buongiorno voglio un caffè* invece di *Buongiorno voglio un caffè macchiato*. Adesso semplifichiamo, supponendo che esistano solo 4 tipi di caffè: normale, macchiato, ristretto, decaffeinato. Il mio macchiato rientra nel 25% di probabilità, quindi diamo alla mia Ca il valore di 25, invece di 100.

Lasciando invariati gli altri valori, adesso il risultato della caffè macchiato P è:
caffèmacchiato P =(100/0,004)x25 x100
caffèmacchiato P = 62.500.000
Confrontando vediamo che 62.500.000 è decisamente inferiore a 250.000.000, quindi è scesa la probabilità che l'evento si realizzi negli stessi 45 secondi di prima. Adesso riportiamo la coerenza dell'azione a 100, ma questa volta

immaginiamo che il self awareness factor del barman sia 50 invece di 1, e cioé che il barman abbia un fattore di autocoscienza molto elevato:

caffèmacchiato P = [(100 / 0,004) x 100] / (50/1)
caffèmacchiato P = = 50.000

Guardate quanto è scesa la probabilità dell'evento non appena il comportamento del barman non risponda a schemi stereotipati ma abbia un *saf* elevatissimo. Ripeto, queste sono forzature dei valori dell'equazione che servono solo per fare dei paragoni, perché anche il valore del *saf* andrebbe calcolato in rapporto alla costante tramite dei calcoli super complessi.

Torniamo ai valori iniziali e cambiamo adesso l'«n» dei *saf*, non più ad 1 ma a 5, e l'«n» dell'It (Intention Transfer number) da 1 a 2: supponiamo che nel bar ci siano 5 persone (clienti) e un cameriere (intermediario) a cui facciamo l'ordinazione:

caffèmacchiato P = [(100 / 0,004) x 100] / (50x1/2)
caffèmacchiato P = 100.000

Vediamo che la probabilità è aumentata rispetto all'ultimo esempio (da 50.000 siamo passati a 100.000) ma è sempre inferiore rispetto ai primi due esempi (da 250.000.000 e 62.500.000, siamo passati a 100.000). Questo ci fa capire da una parte che il *saf* degli intermediari è molto più decisiva rispetto al semplice numero degli intermediari e dall'altra, che la coerenza dell'azione in uno scenario ristretto di possibili azioni (es. i 4 tipi di caffè) non sposta la probabilità dell'evento tanto quanto il numero di trasferimenti dell'informazione per numero di *saf* coinvolti. Quando un *saf* è molto basso, la coscienza si comporta in modo molto simile al linguaggio informatico, per cui basta inserire il comando nel modo corretto per ottenere l'output desiderato. Spesso, all'interno di una stessa persona, il livello di coscienza è distribuito su focus diversi, e non sono rari i casi in cui potrete sperimentare voi stessi quanto, in certi momenti, le persone eseguono esattamente il vostro comando (input) senza battere ciglio. Per esempio può capitare che ad una persona totalmente concentrata su un compito di precisione, venga impartito un comando diretto come - *Passami il tuo portafogli* - e questo, senza neppure decodificare la voce da cui è partita la richiesta, infili una mano nella tasca e, continuando a svolgere il suo compito, consegni letteralmente il portafogli ad un estraneo. Nello stesso caso, quando invece l'input si fa più articolato e meno diretto ed elementare, ad esempio - *Ciao, scusa se ti disturbo mi potresti prestare 2 euro per l'autobus? Te li restituisco domani*, il computer-coscienza, dovendo elaborare più informazioni e non trovando un output immediato, blocca l'esecuzione. Il risultato è che non risponderà, o risponderà «no». Il «no» è sempre per definizione il risultato di un comando digitato male. Queste non sono tecniche di programmazione neurolinguistica, ma banali esempi per comprendere cosa significa il valore del self awareness factor in termini di predizione di un evento. La creazione di evento che prima non esisteva è unicamente determinato da una funzione probabilistica. Infatti l'evento in realtà non si crea, ma viene illuminato quando si dirige la coscienza. Quando le persone lavorano, soprattutto nei lavori che richiedono definite, stereotipate azioni, la loro coscienza entra in uno stato molto simile al linguaggio di un computer. Quando chiedete ad un barista una Vodka Lemon, questo comando entrerà direttamente, esattamente come l'avete pronunciato, nelle librerie mentali del barman. Verrà momentaneamente scartata «una», mentre la frase «Vodka Lemon» girovagherà velocissimamente tra la libreria dei cocktail conosciuti dal barman, ed una volta ottenuto l'ok, sarà «Vodka» a percorrere un'altra libreria, quella con la lista più aggiornata degli alcolici disponibili. Nella coscienza del barman esiste anche un'altra libreria che si attiva con parole chiave attraverso un sensore automatico: se Vodka è presente nella lista più aggiornata dei liquori finiti, la risposta sarà no. A quel punto il barman vi dirà - *Non abbiamo più vodka*. Naturalmente potrà benissimo essersi sbagliato perché il suo software non è stato aggiornato di recente: la vodka era finita 4 ore prima ma poi è passato il camion che ha rifornito il magazzino. Ed ora guardate come si può, ancora, ottenere qualcosa giocando con la coscienza: immaginiamo di sapere da uno o più clienti che la Vodka e il succo di pomodoro sono finiti e domandiamo 4 cocktails: il primo e il quarto vanno preparati con vodka e succo di pomodoro. Li abbiamo alternati in modo che debba accedere alternativamente a due librerie diverse. Mentre il secondo cocktail è un nome che ci siamo inventati noi e il terzo è invece l'unico che può prepararci davvero.

Dopo aver inviato l'input (ordiniamo i 4 cocktails), aspettiamo circa 2,3 secondi e, indicando un oggetto dietro al bancone, diciamo «Passami l'oggetto». L'oggetto può essere un limone, un bicchiere o addirittura una bottiglia di Gin! Il barman obbedirà immediatamente e solo dopo una decina di secondi si renderà conto che non ha compiuto un azione volontaria.

Potete compiere questi piccoli esperimenti in tanti contesti, basta esercitarsi. Per esempio, se volete invitare a bere una ragazza, potete bloccarla prima in uno stato simile a quello del barman (impegnatela a trovare delle risposte che non sono immediatamente disponibili) e poi impartite un comando che prevede una risposta binaria: 0 o 1. Per esempio - *Vuoi una birra o una Vodka Lemon?*

I risultati che otterrete sono principalmente condizionati

dalla vostra capacità di mantenere il soggetto impegnato in calcoli ponendo le vostre questioni senza innalzare potenziali superflui: maggiore è la pertinenza del calcolo impartito e più diretto è l'ordine seguente, più otterrete risultati. Ovviamente non ci saranno risultati alcuni se non avrete predisposto il setting attraverso la gestione complessiva dell'emissione, così come abbiamo visto precedentemente (l'importanza, i potenziali superflui, ecc.).

6.

TECNICHE DI SCIVOLAMENTO NELLE VARIANTI

La tecnica di scivolamento nelle varianti si può migliorare, il controllo dell'importanza e dei potenziali superflui può essere allenato.

Prima di affrontare tecniche più complesse, vi spiego un semplice esercizio per imparare ad abbassare complessivamente i vostri potenziali superflui ottenendo un feedback immediato e misurabile.

Test del semaforo

Identificate un semaforo, all'interno dei vostri tragitti quotidiani, che trovate quasi sempre rosso. Deve trattarsi di un semaforo di una strada laterale che conduce ad un arteria più importante, in modo che il periodo che rimane acceso il verde sia notevolmente inferiore al periodo del rosso.

Per esempio un semaforo in cui:
- scatta il verde non prima di 7 minuti dal rosso
- il verde dura non più di 30 secondi
- l'arancione dopo il verde dura non più di 7 secondi

In un caso del genere la vostra probabilità di incontrare il verde e immettervi immediatamente nella strada principale è del 6,6 %. In questa probabilità non è inclusa la variabile «numero delle auto davanti alla vostra»: infatti potreste trovare il verde ma essendoci otto macchine davanti, voi arriverete all'incrocio quando ormai scatta il rosso. Non sono neppure calcolati i casi in cui una sola macchina davanti voi si spegne o l'incrocio non è libero per cui rimanete piantati con il verde. So bene che vi sarà capitato centinaia di volte, specialmente quando avete fretta.

Stabiliamo semplicemente che, essendo il semaforo verde solo nel 6,6% del tempo complessivo, è molto improbabile che lo troviate verde. Se aggiungessimo le varabili di cui sopra, scenderemo al 1,2 % della probabilità di transitare effettivamente all'incrocio immediatamente.

Individuate quindi questo semaforo e prendete nota di quant'é il tempo medio che vi tocca aspettare prima di passare. Nel caso del semaforo precedente, diciamo che il tempo medio è di 6 minuti. Ma questo avviene prima che voi esercitiate un controllo sulla realtà.

Molto spesso, sapendo di questo semaforo, avete deviato su altre strade, o escogitato stratagemmi, sorpassi e chissà quant'altro. Bene, non dovete più far nulla di ciò. È l'ora di abbassare l'importanza del semaforo.

Per abbassare l'importanza bisogna innanzitutto che crediate in quello che state per fare. Se vi sforzate d'ingannare la vostra pazienza, sarà tutto vano. L'importanza va abbassata in tutti i substrati della coscienza. E il test che vi sto proponendo è sicuramente uno dei più adatti per esercitarsi. Quando vi avvicinate a quel semaforo, automaticamente state alzando dei potenziali superflui attraverso i vostri pensieri automatici («ho fretta, arriverò tardi al lavoro, scommetto che ora starò 2 ore al semaforo, soffro di claustrofobia a restare fermo lì per mezzora», ecc, ecc).

Impostate innanzitutto un mood generico nella vostra coscienza: «non mi importa realmente di nulla, non posso combattere, non voglio combattere, andrà sempre come deve andare, accetto tutto perché lo spazio delle varianti si occuperà di me molto meglio di quanto sia in grado di fare io con enorme dispendio di energie». Questa non è rassegnazione, ma solo un substrato di pensiero.

Incominciate ogni giorno ad impostare questo stato mentale, e a ripetervelo continuamente. Se avete una fretta maledetta perché arrivare 10 minuto dopo significherebbe essere licenziati dal vostro capo, impostate questo stato: «non mi importa assolutamente se il capo mi licenzierà, se anche lo facesse vorrà dire che troverò un lavoro migliore. Se mi licenziasse sarebbe comunque per me una svolta. Lascio che sia l'onda degli eventi ad occuparsi di me, lo fa meglio di quanto possa mai fare io con sforzi disumani».

Se una macchina dietro di voi vi suona il clacson, sorridete. Se una macchina davanti voi rallenta proprio quando sta scattando il rosso, non suonate il clacson, sorridete e pensate ai meccanismi di un orologio: i meccanismi della realtà stanno girando, assistete a quello spettacolo con ammirazione non con disgusto. Ammirate come il meccanismo si prende cura di voi: c'é sempre un motivo se la macchina davanti a me rallenta: è lo spazio delle varanti che sta per fare scattare una piccola rotellina. Se avete fretta e pensate di cambiare strada perché, nonostante abbiate provato, il semaforo è sempre rosso, non fatelo assolutamente, non farete altro che ripristinare l'importanza. Tornate sulla strada del semaforo e affrontatelo con un grande sorriso perché adesso addirittura vi diverte scoprire quanto tempo starà rosso. Se state facendo così, state scivolando sull'onda delle varianti, avete ridotto all'osso l'importanza, avete i potenziali superflui a zero. Non usate il cronometro per calcolare quanto tempo il semaforo rimane rosso, osservate con l'occhio della mente. L'occhio della mente non è altro che un programma che avete impostato nella coscienza e che esegue calcoli autonomamente, attivando o disattivando un particolare sensore dell'attenzione che avete impostato voi. Se dopo un paio di volte in cui il tempo si è effettivamente ridotto, rimanete bloccati mezzora, assolutamente non maledite questo libro o voi stessi per averci creduto. Pensate unicamente che le cause possono essere solo due: o avete creato un potenziale superfluo perché c'é un problema irrisolto che vi tormenta, o si tratta di una svolta che ha bisogno di farvi stare lì mezz'ora per spararvi dritti dentro ad una clamorosa coincidenza. Ma a questo punto ormai sappiamo che le coincidenze non sono altro che gli effetti della nostra capacità di plasmare la realtà. Il test del semaforo, se avrete la pazienza e la capacità di fare quel minimo che vi ho detto, vi lascerà assolutamente senza parole. Per voi ci sarà solo il verde o attese di qualche misero secondo. Rimarrete di stucco quando vedrete addirittura l'arancione scattare solo dopo che voi siete transitati con il verde. Una volta che avete raggiunto il controllo su quel semaforo, percorrete quella strada con un sentimento d'amicizia: quella strada è vostra amica adesso, osservate le piante che sono al bordo della strada, le finestre, il cielo. Sono tutti vostri amici. A questo punto, passate al test successivo.

Il test del parcheggio

Questi test preparatori si svolgono tutti in macchina, non solo perché passiamo molto tempo in auto, ma soprattutto perché in auto siamo costantemente sollecitati ad alzare enormi potenziali superflui, ossia siamo perennemente stressati e arrabbiati. Sono ottimi esercizi preparatori che ci serviranno per creare quel cuscinetto tra il nostro interno e l'esterno, che è la base per fare accadere eventi più complessi.

Quando arrivate a destinazione ed è l'ora di cercare un parcheggio, schiacciate il pulsante del pilota automatico. A quel pulsate avete linkato un mood ben preciso: «non mi importa di nulla, cerco il parcheggio con assoluta indifferenza, sono pronto a girare per queste strade anche un eternità ascoltando l'autoradio. Io non ho mai fretta per il semplice motivo che lo spazio delle varianti è a mia totale disposizione e io sono in perfetta sincronia con la variante che mi farà trovare il parcheggio solo nel momento più opportuno».

Questo esercizio è chiaramente più complesso dell'altro in quanto l'atto di guidare può inavvertitamente innalzare potenziali. Ma se farete bene i vostri compiti vedrete letteralmente le macchine uscire da un parcheggio proprio davanti alla vostra destinazione finale. Se una macchina cerca di anticiparvi per rubarvi il posto, assolutamente non combattete, lasciate il posto sorridendo: pensate a quanto lontano sia questa persona dal livello di comprensione della realtà che avete raggiunto voi. L'aver perso quel parcheggio non potrà che portarvi fortuna perché state surfando nello spazio delle varianti.

Se avete ottenuto ottimi risultati con il semaforo e ne state ottenendo di buoni con i parcheggi, allora probabilmente potreste già incominciare a percepire la sensazione (di cui parleremo nel prossimo capitolo).

Il test di photoshop

Se sapete usare il programma *photoshop* potete esercitarvi componendo delle immagini realistiche che vi ritraggano in luoghi e contesti che fanno parte delle varianti che vorreste realizzare. Si tratta di una specifica tecnica di «visualizzazione» che aiuta moltissimo ad abbassare i potenziali superflui ed a rendere la variabile familiare, attirandola. Introducete nello sfondo che avete scelto (può essere il panorama di una città, un ufficio, una spiaggia, un'automobile, eccetera) la vostra fotografia e, con le giuste proporzioni, le fotografie delle persone che volete inserire nella variante. È molto importante la cura dei dettagli: pulite le imagini in modo che i colori dello sfondo e quelle delle immagini che sovrapponete non creino un effetto di piani «sfalsati»: più l'immagine sarà realistica più diventerà credibile per voi a livello subconscio. Scegliete delle foto in cui l'espressione del vostro viso, e delle persone che andate ad inserire, sia rilassato, a proprio agio: l'immagine dovrà essere rassicurante e non generare in voi ansie che si traducano in potenziali superflui, altrimenti finiranno per lavorare contro di voi all'interno del vostro subconscio. Una volta che ritenete l'immagine perfetta, mettetela in una specifica cartella del computer: non è necessario guardarla tutti i giorni, anzi, cercate di visualizzare l'immagine (e la sensazione che vi procura) nella vostra mente. Con questo procedimento state dando un *surplus* di «potenziale» ad una variante e – se eseguirete alla perfezione questa tecnica – aspettatevi dei «segni rivelatori» che qualcosa sta cambiando. Per testare al meglio questo *facilitatore*, è assolutamente consigliato di creare prima immagini di possibili varianti appartenenti a zone adiacenti alla vostra attuale linea di vita: luoghi vicino a voi, persone geograficamente vicine. Se volete creare immagini più complesse, per esempio di possibili varianti molto distanti, create una serie graduale di composizioni di varianti che possono condurvi alla vostra meta finale. Infine, vi consiglio di usare questa tecnica con «cautela»: non è raro il caso di persone che hanno creato immagini di varianti di cui in seguito si sono letteralmente dimenticati (per esempio non sono state cancellate e/o sono state superate da nuove «immagini-varianti»), che hanno prodotto comunque effetti «collaterali», non solo nella propria linea di vita, ma anche (soprattutto) in quella delle persone raffigurate insieme a loro. Una volta che si è messo in moto il grande orologio, non lo si può più fermare.

7.

SINCRONCITÀ

Trovare sempre un certo semaforo verde, o un parcheggio immediatamente, non dovrebbe solo procurarvi una certa euforia o una sorta di felicità transitoria, ma dovrebbe essere il preludio, il mattone fondante, di quella che possiamo chiamare la «sensazione di sincronicità». Il concetto di sincronicità fu introdotto da Jung nel 1950 e si può schematizzare come due orologi che sono sincronizzati sulla stessa ora. È per definizione un principio di nessi acausali, si tratta quindi di legami di eventi che avvengono in contemporanea ma sono connessi tra loro in maniera non causale. Quando il semaforo diventa verde al vostro arrivo, o il parcheggio si libera quando passate con l'auto, questi eventi non sono causati da un vostro specifico comportamento (per esempio aver accelerato o sorpassato un auto) ma avvengono in contemporanea perché le lancette del semaforo si stanno muovendo in sincronia con il vostro orologio interno. Interno ed esterno si muovono in sincronia. Quando si percepisce la sincronicità, si avverte la sensazione.

Più la sensazione è nitida e forte, più si avverte una forma di onnipotenza sincronica: percepisci che puoi ottenere ciò che vuoi, ma unicamente all'interno della sincronicità. Ciò che vuoi è determinato dalla qualità della tua sincronicità, più riesci a non opporti al flusso della sincronicità, più otterrai ciò che è stato scritto nel tuo «programma», senza alcuna fatica. La sensazione di sincronicità solleva non poche questioni sulla vera natura del libero arbitrio. Il proprio programma individuale è sicuramente scritto all'interno di un programma complessivo, per cui quando il proprio programma è in sincronia con quello complessivo, vi è un accesso immediato ad una serie infinita di risorse che fanno si che, all'atto concreto, voi troviate un parcheggio o un semaforo verde. Immaginate uno dei tanti servizi che vengono offerti oggi sul web o sul telefonino come ad esempio *Airbnb* o *Uber*. Quando vi collegate ad airbnb siete immediatamente connessi con un database che trova l'alloggio che cercate in tempo reale. Non appena vi scollegate non avete più accesso a quelle informazioni e siete obbligati a tornare ad un metodo darwiniano di ricerca: combatto, e se sono più forte troverò l'alloggio migliore a discapito del più debole. Il nostro programma funziona allo sesso modo: se non sono collegato al programma complessivo non accedo sincronicamente al database globale dei parcheggi e dei semafori e devo lottare con gli altri automobilisti, con i creatori dei semafori, con i vigili, con il comune, e con me stesso. Quando percepisco la sincronicità accedo a miliardi di miliardi di database sincronizzati in modo entangled tra di loro: io realizzo oggettivamente che il semaforo è verde, ma soggettivamente non ho avuto accesso al solo database dei semafori e del tempo, ma ad un'informazione olografica complessiva, che va dalla foglia che si sta staccando da un albero in amazzonia, alla telefonata che sta per ricevere la persona che sta per imboccare la strada davanti a me. È un calcolo di dimensioni inimmaginabili, ma che sorprendentemente avviene in maniera immediata, e senza alcuno sforzo o dispendio di energie. Questo è possibile perché l'informazione complessiva è congelata nello spazio-tempo: la foglia è ancora sull'albero, è già caduta, è viva e morta allo stesso tempo. È solo la coscienza che scongela il tempo per creare l'illusione della sua freccia nello spazio. Ma questo è un altro discorso ancora.

Il nostro programma, quindi, interagisce con il programma complessivo in maniera decisamente più bizzarra del metodo di airbnb! Quando decidete di salire in macchina per dirigervi verso il semaforo, la sincronicità è già al lavoro: potrà cadervi il portafogli per terra o una persona potrà chiedervi delle informazioni. Tutto si mette in moto. L'orologio dentro cui è situata la vostra rotellina «semaforo verde» è immenso. Torniamo alla questione del libero arbitrio: chi ha scritto il vostro programma interno? Quando abbiamo parlato dell'intenzione, abbiamo già affrontato il tema dell'unità anima-ragione: noi crediamo di voler qualcosa razionalmente mentre invece la nostra anima ne vuole un'altra. Il nostro programma è scritto nell'anima non nella ragione. Ma questo non rimuove la questione del libero arbitrio: chi ha scritto il programma dentro la nostra anima?

8.

IL PROGRAMMA

Nel 1962 il biologo statunitense *James Dewey Watson* insieme a Francis Crick e Maurice Wilkins ricevette il Premio Nobel per la medicina per le scoperte sulla struttura molecolare degli acidi nucleici e il suo significato nel meccanismo di trasferimento dell'informazione negli organismi viventi.

Da quel momento si è diffusa subdolamente nella società la convinzione che ciò che determina la nostra vita e la nostra salute è il nostro DNA. L'idea che ciò che diventiamo durante l'arco della vita sia determinato dal nostro patrimonio genetico è tuttora ben radicata nel senso comune: per molti, ancora oggi, il destino è fortemente determinato dal DNA. Il problema del libero arbitrio, nel suo senso più generale, rimarrebbe quindi irrisolto. Fortunatamente le scoperte dell'ultimo secolo dimostrano inoppugnabilmente che invece i geni stessi sono controllati dalle nostre percezioni dell'ambiente che ci circonda. Noi non siamo il prodotto dei nostri geni. La controversia è tuttora oggetto di dibattiti, anche perché, senza tirare in ballo teorie cospirazioniste varie, è evidente che la differenza tra l'idea di un essere umano condizionato biologicamente e quella di uno condizionato unicamente dalla sua coscienza, ha notevoli ripercussioni sia sull'economia delle aziende farmaceutiche, sia sul dibattito politico sociale. Per chi volesse approfondire le argomentazioni sul dibattito che riguarda il DNA, troverà a disposizione innumerevoli testi a favore o contro. Personalmente ritengo che, se si ha la capacità di filtrare i contenuti fondamentali da quelli propagandistici, si possa avere una chiara idea del problema leggendo i testi del biologo americano *Bruce Lipton*.

Tornando a noi, chiariamo subito: il nostro programma non solo non è il nostro DNA, ma non ha nulla a che vedere con il DNA. Ma allora cos'é il nostro programma? E ancora, chi l'ha scritto?

Abbiamo già affrontato alcuni temi che sono proprio inerenti alle domande che ci stiamo ponendo adesso, vediamone qui una breve sintesi:

- Tutta una serie d'esperimenti sulla psicocinesi e sul tema generale della *mind over matter*, sembrano indicare chiaramente che la parte della mente che ha il controllo sulla materia è il subconscio.

- Nel reality transurfing emerge chiaramente che se il comando dell'intenzione non arriva dall'anima, si ha ben poche possibilità di modificare la propria linea di realtà accedendo allo spazio delle varianti attivamente.

- Tutte le più moderne tecniche di psicologia clinica (cognitiva e comportamentale in primis) atte a trovare una psicoterapia efficace, non hanno ottenuto che miseri risultati. I comportamenti patologici, che non sono altro che disfunzioni nel programma, possono essere al massimo limitati temporaneamente nella superficie comportamentale, ma i virus rimangono incubati nel programma, e dilagano non appena vengono abbassate le difese autoindotte dai comandi coscienti suggeriti dalle psicoterapie.

- Tutti i fenomeni definiti come paranormali, che la fisica non è ancora riuscita a spiegare, avrebbero origine nell'interazione tra il subconscio e la materia. Vi sarebbe in effetti una specie di falla nella fascia di vigilanza che controlla la nostra mente cosciente, in cui pezzi di codice sorgente del programma riuscirebbero a permeare. Alcune delle teorie di fisica più importanti, come l'ipotesi a molti mondi, potrebbero trovare una conferma proprio all'interno del subconscio, dove risiederebbe l'informazione relativa a tutti gli outcomes possibili. I fenomeni di déjà vu potrebbero essere infatti correlati con queste informazioni.

- Molte sostanze psicotrope agirebbero proprio danneggiando la fascia di vigilanza, lasciando che parti del programma originario interagiscano in modo confuso con il programma della matrice, entrando in conflitto.

Tutte queste considerazioni farebbero supporre che il nostro programma si trovi nascosto all'interno di un'entità immaginaria che definiamo come subconscio. Ogni singolo programma non sarebbe però isolato all'interno del nostro subconscio, ma sarebbe in contatto diretto con un programma complessivo che accede al campo d'informazione globale.

Una volta individuata la sede del programma, rimarrebbe

però ancora da comprendere chi l'ha scritto e perché. Trovare queste risposte equivale a trovare finalmente la vera natura del libero arbitrio. A questo punto, sia chiaro, nonostante la mole d'informazioni che abbiamo, ci muoveremo unicamente nel campo delle ipotesi.

Partiamo dunque dalla prevista particella di coscienza e dal fattore d'autocoscienza. Abbiamo postulato che le particelle che determinano il livello di coscienza di un singolo individuo (che sarebbe meglio chiamare entità) sono sparse in tutti gli alter-ego negli outcomes possibili dei molti mondi. Abbiamo detto che, a seconda del livello di auto-coscienza personale raggiunto in una determinata linea di realtà, e delle vicissitudini che accadono nelle varie linee di vita (ad esempio, abbiamo esaminato un accadimento estremo come la morte), le particelle si spostano da un universo all'altro perché nulla può essere perduto. Fino a questo punto abbiamo sempre identificato il multiverso come l'insieme delle variabili possibili delle nostre linee di realtà. Ma adesso, se vogliamo affrontare davvero il mistero del programma nascosto nel nostro subconscio, non possiamo più circoscrivere la fluttuazione delle particelle di coscienza all'interno del multiverso, almeno non in quello che abbiamo ipotizzato.

Perché no? La risposta sta tra le pieghe di due concetti di cui abbiamo parlato prima: il primo dice semplicemente che una vera teoria del tutto è innanzitutto una teoria del senso delle cose, e che senza un senso non esiste più coscienza; il secondo dice che quando parliamo di strutture bisogna sempre specificare che intendiamo livelli (o sottoinsiemi) di struttura: così come abbiamo livelli di senso e livelli di campo d'informazione, avremmo certamente livelli di realtà che sono al di fuori del multiverso. Quando pensiamo alla globalità della nostra coscienza dobbiamo forzatamente ipotizzare che una parte sia fluttuante nei molti mondi (che sarebbe un livello primario) e un'altra parte fluttuerebbe invece su altri livelli di realtà. Questa è semplicemente una descrizione molto più sensata ed elegante. Il fatto che una realtà sia ignota non ci autorizza a far finta che non esista, altrimenti incapperemmo sempre nell'errore dei fisici delle particelle, i quali sistematicamente affermano d'aver trovato l'ultima, la definitiva. E poi ne trovano sempre una più elementare o ne ipotizzano una nuova senza la quale tutte le altre non avrebbero più senso!

Per provare a capire cosa sia il nostro programma, è necessario quindi identificare cosa sono, o potrebbero essere, questi altri «livelli di realtà», nei quali - evidentemente - le nostre particelle di coscienza riuscirebbero in qualche modo ad arrivare.

Cerchiamo adesso di capire bene cosa intendiamo per altri livelli di realtà.

PARTE V

LINEE E LIVELLI DI REALTÀ

1.

LIVELLI DI REALTÀ

Quando il soggetto A1 nell'universo A, durante l'esperimento del suicidio quantistico, preme il grilletto, il suo alter-ego A2 nell'universo B, sarà vivo o morto a seconda dell'esito della prova nell'universo A. Sebbene A1 e A2 non potranno mai incontrarsi, l'universo A e B sono invece sullo stesso livello di realtà. Le particelle di coscienza fluttuerebbero all'interno di uno stesso livello di realtà. Sopra questo livello si situerebbe una sovrastruttura energetica molto simile alla nostra, ma estremamente più sfumata e flessibile. Questo è, a tutti gli effetti, un altro livello di realtà. Per capire concretamente di cosa stiamo parlando possiamo immaginare di guardare il mondo dal punto di vista di un soggetto a cui è appena stato somministrato dell'acido lisergico. Come abbiamo già detto, queste sostanze allucinogene tendono ad alterare il funzionamento dei sensori che attivano i filtri che bloccano alcune informazioni che appartengono a livelli di realtà più profondi rispetto alla nostra attuale linea di realtà. Quando un soggetto sotto l'effetto di LSD riferisce di stare attraversando la parete della stanza e di sentirsi scivolare addosso (con un leggero formicolio) le particelle che compongono il muro, esso è a tutti gli effetti entrato in contatto con elementi e forze appartenenti ad un livello di realtà superiore. Questo succede essenzialmente perché tutta la materia (quindi anche il muro) è composta principalmente dal vuoto: tra un atomo e l'altro ci sono enormi distanze riempite dal vuoto. Tra il nucleo e gli elettroni c'é semplicemente un volume infinitamente grande e vuoto: questo volume occupa oltre il 99,99% dello spazio. Il significato del termine «vuoto» abbiamo già visto, per altro, che è oggetto di grande dibattito. Nel livello di realtà in cui siamo situati, noi non oltrepassiamo il muro semplicemente perché la forza elettromagnetica che lega tra loro questi atomi è così forte (nonostante il vuoto) che il muro respinge i nostri atomi (ancora prima che pensiamo di toccare il muro, ed in effetti tecnicamente il muro non lo tocchiamo mai). Viceversa, ad esempio, la forza elettromagnetica che lega le molecole d'acqua è così debole che fa si che possiamo tuffarci nell'acqua. Se fossimo in grado di far vibrare gli atomi che compongono il nostro corpo ad una frequenza diversa, noi non avremo alcun problema ad attraversare anche il muro, così come attraversiamo l'acqua.

A livello ipotetico sappiamo che sarebbe possibile per un essere umano, anche all'interno della nostra attuale linea di realtà, attraversare un muro senza distruggerlo: la fisica quantistica dice che esiste una certa probabilità (non nulla) che i nostri elettroni si possano trovare aldilà del muro. Viene chiamato *effetto tunnel*, ed è ciò che consente ad un elettrone di superare una barriera di energia anche se non possiede l'energia sufficiente per superarla. È come se una pallina da tennis, lanciata contro il muro, ad un certo punto passasse oltre il muro senza ovviamente averlo sfondato. Ma questo è un altro argomento ancora, per cui torniamo al soggetto sotto l'effetto di LSD, e aggiungiamo nella stanza un osservatore neutrale. Il nostro soggetto continuerà a sostenere d'avere la testa oltre la parete (ci dirà persino cosa vede aldilà del muro nell'altra stanza), mentre l'osservatore neutrale sosterrà di vedere il soggetto con la testa appoggiata al muro, come se stesse spingendolo.

Cosa sta succedendo? Perché l'osservatore neutrale sostiene che il soggetto stia mentendo? Proviamo ad aggiungere un terzo osservatore dietro una barriera di vetro: questo confermerà che sia il soggetto che l'osservatore si trovano nella stessa stanza, all'interno dell'identico livello di realtà. Per capire cosa stia succedendo dobbiamo tornare nuovamente all'esempio del suicidio quantistico: quando l'osservatore vede lo sperimentatore vivo e vegeto dopo aver sparato a vuoto, non può vedere il suo alter-ego che crolla per terra con il cervello spappolato, perché questo outcome si trova in un'altra linea di realtà. Questa linea di realtà non è però distante miliardi di chilometri, ma è invece proprio lì, esattamente sovrapposta all'altra: semplicemente non si illumina. Immaginate una tavolozza quadrata con 100 piccoli led collegati ad un processore che li accende per disegnare due figure alternativamente: un uomo e un cavallo. Dopo che si sono accesi i led necessari per dare vita alla figura uomo, si spengono e si accendono quelli che formano il cavallo. Entrambe le due configurazioni di led rimangono accese per 20 secondi, mentre i led rimangono tutti spenti per 5.

Ora mettiamo la tavolozza di led in una stanza e facciamo transitare per dieci secondi una serie d'osservatori. Quando andremo a domandare a questi osservatori cosa hanno visto, otterremo una serie di risposte diverse di questo tipo: *Ho visto un cavallo, Ho visto un uomo, Non ho visto niente, Ho visto un uomo, Un cavallo e niente*, eccetera. A parità di linea di realtà, a parità di contesto, ciò che determina la percezione, in questo caso, è la dimensione dello spaziotempo. Ma se ripetessimo la prova, aumentando considerevolmente solo la frequenza con cui si accedono, si spengono e si riaccendono i led, tutti gli osservatori riferirebbero di vedere la stessa cosa: né il cavallo, né l'uomo, ma una figura indecifrabile identica.

Tornando nella nostra stanza, possiamo immaginare che sia gli atomi del muro che quelli del soggetto si comportino come i led della tavolozza che si accendono e spengono velocissimamente formando tutte le configurazioni possibili. A parità di contesto, quello che impedisce all'osservatore di vedere il soggetto con la testa oltre il muro è una dimensione invisibile, o non visibile nella suo livello di realtà. Ma il soggetto si trova allo stesso tempo con la testa aldilà del muro e con la testa al di qua, le due configurazioni sono livelli di realtà sovrapposti ma parzialmente inaccessibili l'uno all'altro. Infatti anche quando chiediamo al soggetto di descriverci l'osservatore, ci potremmo trovare di fronte a descrizioni bizzarre (ha un paio di corna da alce e le unghie lunghe mezzo metro). Siamo di fronte a delle crepe tra piani sovrapposti di livelli di realtà. Il nostro soggetto si trova momentaneamente, in modo confuso, a metà strada, come se, invece di vedere il cavallo o l'uomo, potesse vedere una terza cosa la cui informazione è accessibile da un altro livello di realtà dove agisce una frequenza vibrazionale diversa. I livelli di realtà sono un po' come delle matrioske russe che distano una dall'altra una unità di misura di Planck. Il tema delle cosiddette allucinazioni da LSD rimane tuttora assai controverso, in quanto esiste anche una notevole letteratura scientifica che attribuisce a queste visioni un carattere puramente psicologico e fisiologico. Sarebbero, secondo questi studi, delle distorsioni della realtà che assumono delle specifiche forme per mettere in scena sentimenti profondamente radicati nell'inconscio. La parte relativa all'alterazione chimica nel cervello farebbe il resto. Questa versione risulta però contraddetta da alcuni aspetti comuni a molte delle allucinazioni, come appunto la sensazione di passare attraverso i muri percependo la forza elettromagnetica degli atomi, o i livelli di nitidezza dei colori. È difficile da immaginare che a tutti coloro che hanno fatto uso di acido lisergico, sia noto il funzionamento del legame degli atomi del muro o l'effetto tunnel di cui abbiamo accennato prima. Sembra invece più plausibile che l'*illusione* di permeare della materia solida si verifichi, così come riportato dai soggetti, in modo assolutamente casuale, per esempio appoggiandosi ad un muro o aprendo una porta. Come abbiamo detto, infatti, il livello di realtà subito superiore al nostro attuale, è molto simile al precedente, ma la materia, per ciò che riguarda la substruttura vibrazionale, è meno densa e più fluttuante. (Ecco perché il soggetto riesce a permearla e vede l'osservatore leggermente diverso da quello che è normalmente). Questi sono appunto dei casi limite, infatti se il soggetto si trovasse completamente nella linea di realtà superiore, le cose cambierebbero di molto, e la presenza dell'osservatore non sarebbe più obbligatoriamente inclusa nel contesto. Vuol dire che potrebbe esserci oppure no. Per poter entrare concretamente nel livello di realtà superiore, non abbiamo attualmente altri mezzi che quelli proposti dai controversi viaggi fuori dal corpo, comunemente chiamati «astral travel» o «astral projection». Grazie all'apprendimento per prove ed errori, alcuni individui hanno compiuto il balzo oltre la materia e i limiti dell'attuale tecnologia fisica. Le osservazioni registrate nel corso di queste esplorazioni non fisiche hanno illuminato un universo multidimensionale di incredibile bellezza e profondità.

2.

ASTRAL PROJECTION

I viaggi astrali sono esperienze extracorporee nelle quali una persona percepisce di uscire dal proprio corpo fisico, proiettando quindi la propria coscienza oltre i confini del corpo.

Queste esperienze fuori dal corpo, generalmente note come OBE (*out of body experience*), vennero descritte per la prima volta da soggetti che avevano avuto esperienze ai confini della morte (NDE, *Near Death Experiences*) dopo traumatici incidenti o operazioni complesse.

I racconti di questi pazienti hanno ispirato studi pionieristici sulla capacità di disconnettere intenzionalmente i circuiti del cervello che elaborano le informazioni del proprio corpo, per ottenere un distacco, o una dissociazione dal proprio corpo. Una volta ottenuto il distacco, il soggetto sarebbe in grado di esplorare linee di realtà superiori, di cui, come abbiamo detto, la prima e più facilmente accessibile, sarebbe quella che si intravede durante l'uso di acido lisergico. Per sgomberare immediatamente il campo dalle speculazioni sulla materia, diciamo subito che per la medicina ufficiale, queste esperienze (che sono però un dato di fatto) sarebbero causate da temporanee anomalie di alcune regioni del cervello, che altererebbero la normale coordinazione dei sensi e della prospettiva visuale, che sono determinanti per percepire la sensazione di trovarsi all'interno del proprio corpo. Studi come quello di Bigna Lenggenhager hanno dimostrato inoltre che si può ottenere questa dissociazione anche senza esperienze traumatiche invasive, ma semplicemente usando espedienti per ingannare, manipolare quei meccanismi del cervello che creano l'esperienza (l'illusione?) di essere all'interno del proprio corpo.

È evidente che siamo nuovamente di fronte alla questione dei nostri sensori interni, che regolano, quasi come usassero un mixer, una centralina, tutta una serie di parametri sensoriali, per generare quella che percepiamo come la realtà al di fuori del nostro corpo e l'unità anima-ragione all'interno del corpo. La persona che ha avuto l'influenza maggiore nello studio e sviluppo delle tecniche di distacco e proiezione, è senza dubbio lo statunitense *Robert Monroe*, che nel 1978 fondò il controverso Monroe Institute per lo studio e l'esplorazione degli stati di coscienza. Oggi il Monroe Institute si trova in Virginia, ma esistono filiali ormai in tutto il mondo. Per capire l'ampiezza del fenomeno, basti pensare che la tecnica dell'Hemi-Sync ideata da Monroe è oggi una tecnologia brevettata, e l'istituto, a cui si è rivolto più volte persino l'esercito americano, ha come missione niente di meno che il risveglio globale dell'umanità (Global Awakening of Humanity). Sebbene il Monroe Institute sia a tutti gli effetti una associazione no-profit, è tuttavia innegabile che oggi il suo giro d'affari, generato per lo più dai programmi di *Gateway Voyage* (proiezioni astrali guidate) e *Hemi-Sync* (sincronizzazione degli emisferi tramite la creazione di un illusione uditiva generata da toni binaurali), sia considerevole. Anche questa volta devo lasciare a voi il compito d'approfondire la grande mole di informazioni disponibili sull'argomento: consiglio di partire sempre da Robert Monroe e William Buhlman.

Per quanto riguarda invece il tema di questo libro, noi ci soffermeremo solo su due aspetti dei viaggi astrali: il meccanismo che genera il distacco dal corpo e la presunta topografia dei livelli di realtà così come descritti dagli esploratori più esperti.

3.

DISTACCO DAL CORPO

Nelle esperienze fuori dal corpo sono presenti normalmente quattro fasi: la fase vibratoria, la fase di separazione, quella di esplorazione e la fase di rientro. Il distacco dal corpo avviene alla fine della fase vibratoria, in cui si percepisce l'esistenza di un secondo corpo di frequenza più elevata, che - non essendo più in sintonia con quello fisico - si separa. La coscienza passa quindi al corpo energetico non fisico. Raggiungere la fase vibratoria è quindi il punto di partenza. Per raggiungere questa fase si possono adottare indicativamente cinque tipologie di procedimenti: le visualizzazioni, la conversione dai sogni, le affermazioni, l'ipnosi e i suoni. Le varie tecniche sono state raggruppate in queste categorie dopo innumerevoli tentativi sperimentati dai pionieri di questi viaggi: le cinque categorie non sarebbero altro che le procedure che hanno avuto più successo nel favorire la fase vibratoria più rapidamente.

Noi qui parleremo unicamente del procedimento di visualizzazione, i cui aspetti si integrano alla perfezione con tutti gli argomenti fino qui trattati nel libro. Vediamo dunque di cosa si tratta.

Visualizzazione

La tecnica della visualizzazione si basa sulla straordinaria capacità che abbiamo di creare nella nostra mente delle immagini di oggetti e luoghi distanti nello spazio e nel tempo, o completamente immaginari. Tutti noi lo facciamo ogni giorno in tantissimi modi diversi e con estrema disinvoltura, quando pensiamo per esempio al luogo di vacanza preferito, a un'automobile, una casa o un volto di persona. Questa capacità che usiamo quotidianamente ad un livello basico, viene però allenata nella visualizzazione per raggiungere gradualmente un livello di focalizzazione sui dettagli nettamente superiore, fino a che non si innesca quella che Bigna Lenggenhager ha definito come dissociazione mente-corpo. A quel punto si attiva la fase vibratoria. Ma andiamo per gradi. Il metodo migliore per allenare le capacità di visualizzazione è quello di distendersi sul letto, un divano o in qualunque posto possiate rilassarvi, e visualizzare nella vostra mente un ambiente lontano che conoscete molto bene e per il quale provate sentimenti positivi, nel senso che avete dei bei ricordi che innescano sensazioni positive e tranquillizzanti. L'ideale è una casa al mare o in campagna, può essere la casa dove vivevate da piccoli o una casa dove andate in vacanza. Se una visualizzazione del genere non fa per voi, potete semplicemente visualizzare la cucina di casa vostra, nel caso proviate l'esercizio in camera da letto. Partite visualizzando l'ambiente senza sforzi: spostate il vostro focus all'interno di un salone e aspettate che i dettagli si mostrino da soli. Immaginate di girare lo sguardo rimanendo fermi e visualizzate i mobili, le lampade, il pavimento, le finestre. A questo punto agganciate a queste immagini che si stanno creando nella vostra mente, le sensazioni positive che vi suscitano i singoli oggetti che state visualizzando. Immaginate d'inspirare e sentire l'odore della stanza in generale. Passate poi alla temperatura corporea, è caldo? freddo? umido? Stabilite che ore sono, è l'ora che preferite: potrebbe un mattino d'agosto, la luce passa attraverso le finestre che danno sul giardino, il sole è caldo e l'aria è secca. Focalizzate il suono del giardino: c'é l'irrigatore che sta innaffiando il prato, il richiamo di una cornacchia che si è appena posata su un sasso. Immaginate di appoggiare una mano sul vostro avambraccio: percepite la vostra temperatura corporea, avete la pelle secca o state sudando?

Rimanete fermi per un po', muovete solo lo sguardo intorno e lasciate che i contenuti multimediali che sono stati salvati in quel frame vengano fuori lentamente, senza sforzo. Quando sentite che siete entrati nel mood di quell'immagine, avvicinatevi ai primi oggetti che sono accanto a voi: può essere una scrivania, una lampada, il pavimento. Allungate una mano e toccateli. Sono caldi? freddi? ruvidi? C'é la polvere? Avvertite se ci sono delle imperfezioni nella materia, come ad esempio delle righe, delle scanalature, delle bugne. Prendetevi il tempo necessario e integrate tutti i dettagli nuovi, tutte le sensazioni nuove con quelle precedenti: continuate a sentire il rumore del giardino, continuate a vedere i raggi di sole dalle finestre. Tutte le nuove percezioni si aggiungono alle precedenti, non le cancellano. Appena avvertite che avete acquistato un sensibile controllo sulla focalizzazione, potete muovervi. Andate in una stanza attigua che conoscete bene, per esempio potrebbe essere la cucina. Focalizzate tutti gli elementi: potrebbero esserci delle briciole di pane sul tagliere o del succo d'arancia in un bicchiere. Andate in profondità nei dettagli: c'é una piccola ragnatela sul soffitto? Delle formiche negli angoli del lavello? Toccate ogni cosa, sentitene l'effetto al tatto e focalizzate l'odore. Aprite il frigo, sentite gli odori, prendete quel biscotto al cioccolato che compravate sempre e mettetelo in bocca. Indugiate lì intorno finché non sentite che la visualizzazione è diventata più nitida, e le sensazioni che state provando sono indistinguibili da quelle che avete già provato in quel luogo. Uscite in giardino: sentite il caldo sole del mattino sul viso, l'erba bagnata sotto i piedi, il salino del mare portato dal vento. Se siete pronti, adesso lasciate entrare una figura umana nella vostra visualizzazione: non sforzatevi di pensare a qualcuno in particolare, lasciate che si visualizzi da solo, nel luogo dove siete. Se volete mantenere alta la concentrazione, materializzate una persona a vostra scelta tra quelle che hanno abitato quei luoghi. Manifestatela per esempio in cucina mentre si prepara la colazione, ma una volta visualizzata non cercate di comandarla, lasciate il più possibile adesso che l'immagine si strutturi da sola, limitatevi ad osservarla. Sempre più profondamente. Osservate bene i vestiti, il colore della pelle e degli occhi, le dita. Cogliete ogni piccola sfaccettatura delle espressioni che fa e degli sguardi che vi da. Linkateli alle emozioni che suscitano. Aggiungete tutti questi dettagli ai precedenti: formate una topografa completa di tutta la scena che state visualizzando: la sala, i mobili, il giardino, la persona.

Mentre focalizzate sempre meglio la vostra visualizzazione, non state facendo altro che impegnare pesantemente i vostri sensi all'interno di una linea di realtà dove non si trova il vostro corpo fisico. State spostando i sensi dal vostro corpo verso un'altra dimensione dello spaziotempo. E infatti il primo effetto che proverete sul vostro corpo fisico, è l'intorpidimento dei piedi. Vuol dire che la coscienza si sta spostando: è importante a questo punto non avere timore e non portare l'attenzione sul corpo fisico. L'intorpidimento può essere molto forte e arrivare fino alle ginocchia. Vi renderete conto che non siete più in grado di muovere i vostri piedi. Rimanete tranquilli, altrimenti i vostri sensi salteranno immediatamente fuori dalla visualizzazione. Mantenete il focus sulla persona e aspettate che si muova, siate pazienti, prima o poi si muoverà. Non costringetela voi a muoversi, intanto sarà il vostro subconscio che interagirà in questa dimensione. Quando si muove, seguitela, e non meravigliatevi se ad un certo punto potrete vedere dei dettagli che pensavate non aver mai notato neppure quando eravate fisicamente in quel luogo. Si sta creando nella vostra coscienza una topografia tridimensionale dall'informazione che era congelata. Questa informazione contiene molti più elementi di quelli che la vostra coscienza aveva allora elaborato. Potrete notare lo sguardo di un ritratto in un quadro appeso nel corridoio o la maniglia di una camera che ha uno spigolo rotto.

State accedendo all'informazione olografica di una linea di realtà situata su un'altra dimensione. Potete andare avanti, indietro a destra e sinistra. Potete zoomare o allargare l'immagine. Potete andare avanti o indietro nel tempo. Tutte le sequenze temporali sono attaccate a quel frame che state visualizzando. È un po' lo stesso procedimento che usate quando visualizzate le strade con *Google Street View*, sono tanti pezzi attaccati uno all'altro, e quando zoomate, potete arrivare a vedere una persona congelata alla finestra. Potete trovare persino voi stessi catturati in quegli scatti. Similmente, anche nella vostra visualizzazione, troverete elementi che non sapevate neppure che fossero li. Non state in effetti accedendo ai vostri ricordi adesso, ma all'insieme di tutte le informazioni presenti in quello spazio-tempo. Informazioni che allora avete scartato, o che non erano visibili perché erano dietro di voi o a lato, o semplicemente perché la vostra attenzione era altrove. Ma ora, in questo stato contemplativo, potete rigirare la piantina da ogni angolo possibile. Potreste, ad esempio, notare che il naso della persona che si è visualizzata è, vista dall'alto, più lungo di quanto pensavate.

Più entrate nel dettaglio della visualizzazione, più i sensi e la coscienza abbandonano il corpo. Ad un certo punto, il vostro sistema coscienza-corpo fisico andrà incontro ad una dissociazione: vuol dire che non potete più stare al di qua o al di là. Dovete scegliere. Il segnale sarà l'entrata nella fase vibratoria.

La fase vibratoria

Quando l'incapacità di muovere il corpo (catalessi) sarà più estesa, sentirete delle vibrazioni di energia simili a quelle di una scossa elettrica. Solitamente queste scosse vibratorie sono seguite da un forte ronzio o un rumore simile ad un boato.

Come ho già detto prima, riuscirete ad arrivare a questa fase solamente dopo vari tentativi per tenere sotto controllo la paura e l'ansia che tali sensazioni creano. Si suppone che tali vibrazioni e suoni siano in realtà segnali interori e non eventi fisici, ma all'atto pratico, essi sono in effetti percepiti come fisici. Sono il segnale che il corpo di frequenza più elevata si sta manifestando, e si sta separando da quello fisico, con il quale non è più in sintonia. La coscienza passa così al corpo energetico non fisico.

La fase di separazione

Quando il corpo di energia (sottile) si separa dall'organismo fisico, la persona sente con chiarezza che si sta sollevando, che sta fluttuando. È lo scivolamento fuori dal corpo. Appena la separazione è terminata, suoni e vibrazioni diminuiscono. A questo punto siete entrati nella fase di esplorazione.

4.

MEMBRANE DI ENERGIA

Come sarete ormai abituati in questo libro, mi trovo ora costretto a lasciare a voi l'approfondimento sulle tecniche e le metodologie delle proiezioni astrali, in quanto il nostro obiettivo è limitato alla comprensione dei livelli di realtà. Ricordiamoci che abbiamo parlato di livelli di realtà perché stavamo cercando di comprendere cosa sia il nostro programma. Vi avevo detto che il livello di realtà più vicino al nostro è quello che si può intravedere durante l'uso di LSD, e che è invece pienamente accessibile subito dopo il distacco dal corpo fisico. Non appena avviene il distacco, infatti, siamo in grado di esplorare il primo livello di realtà più vicino al nostro. Buhlman chiama questo primo livello di realtà con il nome di *Prima membrana d'energia*. La qualità di queste dimensioni invisibili sarebbero definibili in base alla reattività al pensiero da parte degli ambienti non fisici: più rapidamente la struttura degli ambienti non fisici viene alterata dai nostri pensieri consci e inconsci, più ci staremo muovendo verso dimensioni superiori di energia (comunemente detto muoversi verso l'interno). Quindi su livelli superiori di realtà.

Per comprendere meglio i vari tipi di ambienti energetici, o di livelli di realtà, si sono introdotti i termini di «ambiente di consenso» e «ambiente di non consenso».

Gli ambienti di consenso

Un ambiente di consenso, o realtà di consenso, viene creato e mantenuto dai pensieri di un gruppo di individui. Un ambiente del genere, che è sostanzialmente quello della nostra attuale linea di vita, non sarebbe altro, come abbiamo visto, che la matrice. I pensieri condivisi di un gruppo di persone creano prima dei pendoli energetici poi una forma pensiero complessiva che è la matrice. Questa realtà di consenso può essere modificata, come abbiamo visto, usando specifiche tecniche del reality transurfing, ma ad essere modificata non è la struttura molecolare dell'ambiente, ma l'ordine, la sequenza degli eventi nello spazio delle varianti. Nella prima membrana di energia (o primo livello di realtà più vicino) è invece già la struttura molecolare della realtà che viene influenzata dal pensiero: la materia non reagisce effettivamente al pensiero, ma la sua consistenza è debole e sfumata, perché il consenso che crea la densità è minore.

Il livello di realtà più vicino

La prima membrana di energia, dove si andrà a trovare il corpo energetico dopo la separazione, è sì una dimensione non fisica, ma è ancora un livello di realtà di consenso. Questo ambiente energetico ha un aspetto talmente fisico che la maggior parte della gente è convinta di stare ancora osservando il mondo materiale. Mentre in realtà starebbero vedendo la prima dimensione energetica interiore dell'universo. Poiché questa dimensione è vicina alla frequenza della materia, gli ambienti non sono modificabili, ma il pensiero modificherebbe, influenzerebbe l'energia personale. Questo permette per esempio di passare attraverso un muro o di volare, ma gli ambienti sarebbero ancora influenzati dalla realtà di consenso. Ci troveremo quindi in case molto simili alle nostre, potremo incontrare persone e oggetti che ci sono familiari. Ma ben presto ci accorgeremo anche che differiscono per una serie crescente di particolari. Questi dettagli sono l'evidenza che la matrice eserciterebbe su questa dimensione parallela una forza minore, non riuscendo a plasmare perfettamente le forme. Questo effetto è simile a quello di cui abbiamo già parlato relativamente alla fluttuazione delle particelle di coscienza tra diverse linee di realtà durante la nostra potenziale morte: come allora potevamo cogliere piccole differenze nelle persone che stavano intorno a noi, adesso possiamo cogliere alcune differenze sostanziali negli ambienti. Il pavimento di casa nostra potrà non essere più di parquet ma essere di marmo, la nostra sedia è adesso uno sgabello, nel letto non ci sono delle lenzuola che riconosciamo, e la persona che incontriamo sul pianerottolo è il nostro bis nonno che non abbiamo mai conosciuto. Ma mentre prima ci stavamo spostando su una linea di realtà diversa, ora siamo in un livello di realtà diverso: le linee di realtà sono piani paralleli e sovrapposti orizzontalmente, i livelli di realtà sono piani paralleli sovrapposti verticalmente. Nelle linee di realtà, la materia è sempre la stessa, è solida e immutabile, quello che cambia sono le sequenze dei fotogrammi che le compongono. Le infinite linee di realtà stanno all'interno dello stesso multiverso, i livelli di realtà, invece, sono tutti diversi l'uno dall'altro e stanno all'interno di multiversi diversi. Probabilmente il termine multiverso non si può neppure applicare ai livelli di realtà, poiché questi ultimi sarebbero addirittura una sovrastruttura legata alla sorgente di coscienza: sarebbe quindi il tipo di legame con la sorgente (o il livello di comprensione della sorgente) ad identificarlo meglio. O come ipotizzano altri, la suddivisione avverrebbe in base alla qualità e rapidità con cui la materia reagisce al pensiero o alla coscienza.

Oltre l'universo fisico che siamo abituati a conoscere, ci sarebbe dunque questa prima membrana di energia o primo livello di realtà. Non troveremo qui tutte le risposte alla domanda «chi ha scritto il mio programma?», ma forse una prima, vaga e sbiadita traccia. Dal momento che stiamo ipotizzando che la coscienza possa muoversi lateralmente (lungo le linee di realtà) e in profondità (attraverso i livelli di realtà), stiamo già effettivamente dicendo qualcosa circa il programma. Immaginiamo per un attimo d'essere l'insieme dei quadrati colorati del cubo di Rubik, e che la totalità di tutte le posizioni dei cubi sia la coscienza nel suo complesso, mentre l'attuale fattore di autocoscienza risieda nei singoli cubi.

Finché non comprendiamo d'essere la totalità dei cubi e che questi possono muoversi singolarmente (ruotando e trascinando con sé tutti quelli che sono sullo stesso piano), saremo costretti all'interno dell'universo fisico. Ad un certo punto, quando scopriamo che possiamo ruotare verticalmente e orizzontalmente, comprendiamo d'essere all'interno di più dimensioni. Ma del nostro programma non sapremo nulla finché non realizziamo che ogni tessera è fatta di un colore diverso e che il livello di realtà dotato di maggior senso, simmetria ed eleganza, è il livello in cui tutte le sei facce del cubo sono composte dalle tessere dello stesso colore. Il programma del cubo è la realizzazione della configurazione più elegante e simmetrica, ossia l'uniformità di colore dei sei lati del cubo complessivo. Questa è ovviamente una semplificazione, ma rimane utile fare questa similitudine: dal momento che abbiamo stabilito che anche la nostra coscienza, una volta divenuta auto-cosciente di tutte le sue parti e del contesto, sia in grado di muoversi orizzontalmente e verticalmente, potrebbe non essere troppo azzardato supporre che all'interno del nostro programma ci sia anche il raggiungimento di una particolare configurazione delle nostre tessere di coscienza. Avevamo già parlato, del resto, di come l'esito finale dello spostamento delle particelle di coscienza dalle varie linee di realtà, poteva essere il ricongiungimento di tutte le particelle. Cosa che, allo stato attuale del nostro sviluppo, è bene ricordarlo, produrrebbe una tale esplosione sensoriale d'informazioni che scatenerebbe una sindrome psichiatrica devastante. Immaginate per esempio di camminare per strada in mezzo alla gente e di vedere e percepire miliardi di fotogrammi leggermente differenti l'uno dall'altro. Il risultato sarebbe la perdita della sensazione d'identità e la frammentazione. Se al contrario il nostro corredo biologico ce lo consentisse, ci troveremo perfettamente organizzati, come se fossimo davanti allo schermo di un computer e dovessimo scegliere con tutta tranquillità tra l'opzione A e B, riuscendo ad annichilire istantaneamente l'opzione non cliccata. Saremo in questo caso nel totale controllo della materia e delle varianti delle nostre linee di vita. A prima vista sembrerebbe un'opzione ottimale, potremo fare, essere ed avere tutto ciò che vogliamo. Ma approfondendo il concetto ci accorgeremo che conoscere il programma renderebbe il programma stesso inutile. Immaginate nuovamente d'essere tutti i tasselli del cubo di Rubik e di conoscere fin dall'inizio il vostro programma, ossia il numero minore di mosse per ottenere la configurazione finale: che senso avrebbe muoversi per ottenere qualcosa che già conoscete, e che - fino a prova contraria - finirebbe per depauperarvi dal senso della vostra stessa esistenza? Questo io lo chiamo il fattore *game over*. Il discorso qui si fa più complicato, ecco perché abbiamo parlato precedentemente di livelli di realtà paragonandoli a delle matrioske: perché immaginare una sequenza continua di livelli, equivale a sottrarci il più possibile (e per più tempo possibile) dal fattore game over, continuando al contrario a credere convintamente in un nuovo livello alle soglie della fine. Torniamo dunque al programma: abbiamo ipotizzato che parte del programma sia dedicato ad un processo di autoapprendimento per ottenere una certa configurazione. Questo percorso avviene per livelli di complessità, in cui la materia perde di densità e il pensiero manifesta gradualmente la realtà in modo sempre più veloce e diretto. Non è ancora il momento di domandarci se il programma sia stato scritto da qualcuno in particolare, o si sia - come ad esempio ha ipotizzato il fisico Max Tegmark - scritto da solo, in quanto la matematica non sarebbe altro che il substrato fondamentale di ogni cosa, compresi gli atomi che formano il cervello o gli elementi elementari che comporrebbero le stesse particelle di coscienza. Dalla matematica si sarebbe formato quindi anche il nostro programma fondamentale. È un ipotesi che prenderemo in considerazione tra un po'. I livelli di realtà si distinguerebbero quindi, oltre per la reattività al pensiero, per una graduale diminuzione della densità della substruttura vibrazionale delle aree non fisiche. Coloro che compiono esplorazioni extracorporee descrivono quasi sempre gli ambienti che vedono in maniera del tutto diversa: questo sarebbe dovuto proprio al fatto che l'ambiente non sarebbe altro che lo specchio della capacità di far reagire al pensiero le dimensioni interiori.

Gli ambienti di non consenso

I successivi livelli di realtà si suppone siano una lunga serie d'ambienti di non consenso creati dai pensieri di forme di vita non fisiche. Al contrario di quanto accade nel mondo fisico, un ambiente energetico - dopo essere stato creato - può (ipoteticamente) durare per sempre in quanto non esisterebbe decadimento molecolare. Questi ambienti, seppure stabili, sarebbero anch'essi modellabili in pochi istanti da altre forme pensiero più focalizzate. Secondo i resoconti dei viaggiatori, gli ambienti di non consenso appaiono spesso come i nostri ambienti fisici normali (giardini, vallate, montagne ecc).

Gli ambienti di energia naturale

Al di sopra (o viaggiando all'interno come sostengono alcuni esperti) degli ambienti di non consenso ci sarebbero livelli di realtà (o ambienti di energia) prive di qualunque forma: possono raffigurarsi come vuoti nebbiosi o zone di nuvole d'energia più o meno accecante. Questi livelli sarebbero così reattivi al pensiero che se non si acquisisce una certa capacità di controllo, si creeranno ambienti totalmente instabili.

5.

L'ULTIMO LIVELLO DI REALTÀ

I resoconti dei viaggiatori astrali che hanno raggiunto i livelli più profondi, hanno certamente molti punti in comune, ma alcuni aspetti decisamente antitetici. Il più controverso è sicuramente la variabile del maligno. Sebbene tutti i viaggi nel profondo siano attraversati dalla progressiva inconsistenza materiale (e corporea) e dall'intensità della luce (luce intesa evidentemente qui come conoscenza), è altresì vero che in molti resoconti siano presenti creature, spiriti, pensieri di natura malevola. Alcuni parziali resoconti sembrano richiamare circostanze simili al purgatorio Dantesco, in cui lo spirito del viaggiatore rimane in zone paludose circondato da spiriti in perenne attesa di fare ritorno sulla terra. La natura ultima dell'universo (inteso nel suo senso più completo e metaforico) è oggetto di dibattito persino nelle sedi scientifiche. La natura bipolare di tutte le particelle, la perenne tensione dell'universo a distruggere e ricreare (basti pensare ai buchi neri, ai sistemi solari, ecc) e in ultima analisi la questione irrisolta che riguarda il senso della morte che permea ogni cosa, lascia presupporre che l'idea di un universo buono, creato e governato da un Dio buono, non sia così scontata. Dall'altra parte è innegabile che più la trama dell'universo viene svelata, più si percepisce una tale complessità e bellezza che, per i nostri attuali canoni di giudizio, non potrebbe essere attribuita al maligno. La terza via interpretativa contempla un universo governato appunto da forze antitetiche che non riescono mai a prevalere una sull'altra. Il rapporto tra bene-male, materia-spirito, è trattato abbastanza esaustivamente da molti autori, per esempio è degno di nota il tentativo di spiegare l'origine e lo sviluppo dell'universo e delle sue forze bipolari, fatto dal fisico italiano Massimo Teodorani in *La Mente Creatrice*. Di questi argomenti proveremo a discutere verso la fine del libro. Torniamo adesso ai nostri livelli di realtà, e facciamo un enorme balzo in avanti per portarci in prossimità delle zone in cui ha origine la coscienza. Il resoconto più affascinante è senza dubbio quello di Robert Monroe, che come abbiamo già detto è stato il vero pioniere delle proiezioni astrali e delle esperienze fuori dal corpo (OBE, Out of Body Exprience). Nel suo libro *Viaggi Lontani*, Monroe ci racconta il suo viaggio verso le zone, o livelli di realtà, più prossimi alla fonte ultima che genera la realtà, intesa nel suo significato oltre il regno materiale che siamo abituati a conoscere.

Verso la fonte della coscienza: le dimensioni superiori

Una volta che si arriva a manipolare e controllare gli ambienti energetici presenti nella dimensione interiore, ci si apre l'opportunità del viaggio verso una serie di dimensioni superiori che sono abitate da una miriade di corpi energetici che si muovono, si spostano, migrano da un livello all'altro. La motivazione principale, se non l'unica, di questo continuo flusso di viaggiatori, risiederebbe – sempre secondo i resoconti di Monroe – nell'infinita ricerca di esperienze in grado di fare evolvere lo spirito o la sostanza energetica. Evolvere verso i confini dell'energia primaria. L'universo intero, secondo Monroe, sarebbe in sostanza molto simile ad un immenso parco giochi d'apprendimento. Un Luna Park in cui però ci sarebbero delle zone d'ombra grigie. Ma andiamo per gradi. Tramite gli OBE si entra gradualmente in contatto con questi spiriti o forme d'energia, ed è possibile stabilire una comunicazione, che non è evidentemente di natura verbale. Entrando in contatto con questi corpi energetici si comprende innanzitutto che lo stato in cui ci si trova, ovvero quello indotto dalle esperienze fuori dal corpo, viene percepito da questi, come una condizione assolutamente innaturale causata da un evento eccezionale. I corpi energetici non sono altre persone come noi che si sono distaccate momentaneamente dal proprio corpo umano, ma si trovano pressoché in stati energetici temporanei ma completi, senza legami ad altri corpi materiali.

L'universo nel suo senso più limitatamente fisico potrebbe essere rappresentato come un'immensa palestra o università dello spirito, di cui l'esperienza umana non sarebbe che una delle tante disponibili. Monroe lo definirebbe un insieme di «centri per la crescita». Gli esseri umani, o per essere più precisi, la momentanea esperienza come esseri umani sulla terra, è fortemente condizionata da un fattore che è uno dei pilastri fondamentali dell'esperienza stessa, che ne definisce la qualità e il recinto di gioco: si tratta dell'«illusione spazio-tempo». Questa delimita tutta la zona spirituale che contiene l'esperienza stessa, ed è proprio l'intensità di questa illusione che impedisce agli esseri umani di comprendere lo stato energetico transitorio in cui si trovano e che - tornando al titolo del libro - crea l'illusione della morte, che è un concetto totalmente legato allo spazio-tempo.

L'ingegneria del viaggio

Ma come ci si sposta da una regione all'altra senza perdersi? Secondo Monroe, quando si entra in comunicazione con altri corpi energetici, si può ricevere quello che lui definisce con il termine *Indent*. Quando si riceve un Indent si acquisisce una specie di mappa per raggiungere un luogo nel multiverso. Tra le varie forme di energia da cui si può ricevere un Indent, ci sono gli *Inspect*. Questi assolvono un compito fondamentale in quella regione che è pertinente all'esperienza umana: controllano l'evoluzione della Terra e intervengono con dei «ritocchi» che servono unicamente a rendere l'esperienza umana più utile al fine ultimo: l'apprendimento. Questo compito viene svolto anche attraverso l'utilizzo, l'istruzione, la spinta ad agire, di alcuni esseri umani prescelti. Si è prescelti per fare delle cose specifiche. Molti esseri umani in tutto il mondo, in effetti, nel corso di tutta la storia umana, hanno spesso fatto riferimento ad impulsi innati ad agire per portare a termine delle missioni di vita. Senza trovare altre spiegazioni razionali.

Gli Inspect, nonostante sorveglino la Terra, non si trovano all'interno della nostra gabbia spazio-temporale: per trovarli bisogna viaggiare molto lontano. Sebbene, come capiremo presto, lontano non significa davvero lontano nello spazio, ma piuttosto lontano nella conoscenza.

Sempre secondo le trascrizione dei dialoghi tra Monroe e gli Inspect, lo scopo di questi ultimi sarebbe quello di diventare completi, ricongiungendo così i propri «io» sparsi nelle varie esperienze, anche - e soprattutto - non fisiche. Questo aspetto dello scopo ultimo di tutte le cose, ossia il raggiungimento della completezza, ci riporta indietro alle argomentazioni sul self awareness factor (puramente terrestre) in rapporto alla teoria dei molti mondi di Everett: la nostra percezione di soggettività durante l'esistenza (o durante l'apprendimento umano, come direbbe Monroe) sarebbe ingannata, o mantenuta reale, proprio dall'esistenza dell'illusione dello spazio-tempo.

Per comprendere quanto sia forte questa illusione, dobbiamo capire che - ad esempio - gli «altri» che vediamo nella nostra esistenza, potremo essere invece noi stessi durante nuovi apprendimenti. Quando si annulla il concetto di spazio-tempo, tutto collassa in un unico punto. Gli emigranti africani che vediamo in questi giorni barcamenarsi nei canotti nel mar mediterraneo, potremo essere noi stessi durate le altre esperienze di apprendimento umano.

Anche se questo concetto vi potrebbe risultare indigeribile, provate a comprendere che senza l'illusione dello spazio-tempo che delimita il nostro modo di pensare, gli altri non sono in realtà che proiezioni di noi stessi nelle nostre vite passate e future. Ma quel'é lo scopo ultimo di queste complesse, caotiche esperienze umane? Tutti i dialoghi tra Monroe ed i corpi energetici indicano che l'esperienza umana ha la finalità di generare energia-amore, come vedremo in seguito, chiamata *Loosh*. L'esperienza umana è quindi più specificatamente paragonabile ad un Luna Park pieno di giostre che sollecitano tutto lo spettro delle nostre emozioni (piacere, dolore, paura, ecc...), le quali vengono poi filtrate per estrarre solo l'elemento che produce la propulsione della macchina energetica globale, o se volete di Dio: il *Loosh*.

Area d'imbarco verso la Terra

«Ultima chiamata per i passeggeri del volo AZ345 in partenza per l'esperienza d'apprendimento umano velocizzato. I passeggeri sono pregati di raggiungere la stazione d'ingresso B227 con la carta d'imbarco ed i visti $A32_1$ e

A33F in regola».

Una volta raggiunto il gate B227 con i documenti approvati, il corpo energetico in partenza verso l'esperienza umana, viene accolto all'interno del velivolo da una suadente voce che dice - «State per entrare nell'entusiasmante, meravigliosa illusione dello Spazio-Tempo, vi preghiamo di allacciare le vostre cinture».

Questo immaginifico e surreale passaggio da me inventato, è in realtà molto simile alle descrizioni delle scene riportate da Monroe quando si trovava negli anelli dove era collocata questa sorta di Stazione d'ingresso verso l'apprendimento umano. È molto importate, insisto ancora una volta, capire che ciò che rende l'esperienza umana così unica, così importante e così additiva (come vedremo dopo) è proprio l'accettazione di sottoporsi all'illusione dello spazio-tempo, accettando che la propria condizione d'immortalità legata al proprio corpo energetico, cada nell'oblio più assoluto per tutto il periodo in cui si sperimenta la condizione di essere umano.

Ma l'esperienza umana è obbligatoria? Secondo i resoconti di *Far Journeys* di Monroe (la cui prima versione risale al 1985) la scelta di diventare umano è assolutamente facoltativa. L'esperienza umana all'interno del mondo materiale è solo una delle tante disponibili. Si può provare una volta, due o miliardi di volte.

Monroe racconta infatti di avere incontrato nella Banda esterna (che vedremo tra poco) i cosiddetti ripetenti, cioè corpi energetici in attesa della chiamata al gate per tornare sulla Terra per la seconda, la terza volta (e così via...).

Proprio come si fa da noi presso le agenzie di viaggio, il corpo energetico, parimenti, sceglierebbe una serie di opzioni per la sua esperienza umana: il sesso preferito, il porto d'entrata (ad esempio New York), l'anno, ecc... Come vedremo in seguito, queste nostre preferenze non vengono però quasi mai rispettate in toto, essendo le richieste di esperienze umane così elevate da non poter soddisfare tutti.

L'ossessione del corpo umano

Aver posseduto un corpo umano, anche solo per un'esperienza terrestre, è un evento così invasivo e traumatico che può segnare per lunghi periodi i corpi energetici, anche dopo averli abbandonati. Potremo chiamarla la «sindrome del corpo fantasma», una riedizione ancora più drammatica della sindrome dell'arto fantasma, cioè la sensazione anomala di persistenza di un arto dopo la sua amputazione, che è causata fondamentalmente dalla persistenza psichica dello schema corporeo.

Per capire come si genera l'ossessione del corpo umano nelle entità energetiche bisogna muoversi nella prima banda esterna, dove, stando ai resoconti di Monroe, si aggirano le persone che non si rendono effettivamente conto di non essere più incarnate. Queste entità continuano a fissarsi ossessivamente su oggetti, situazioni della loro ultima vita, o pensano d'essere vittime di un lungo, interminabile sogno. Le descrizioni di Monroe sono molto simili a quelle di un caotico girone infernale, dove si assiste ad ossessivi tentativi di riproduzione sessuale di massa che sono regolarmente frustrati dalla mancanza del corpo e dei rispettivi organi sessuali. È un flusso continuo di persone che vivono aggrappate a rimorsi e recriminazioni legate alla vita passata o che imprecano Dio per la mancata promessa del paradiso tanto atteso. L'ossessione del corpo è importante per comprendere che le fasi dei corpi energetici possono anche legarsi ad esperienze davvero orribili e paurose. Non è una questione di paradiso o una questione di qualità intrinseche di un Dio punitivo, ma fa parte dei cordoni ombelicali legati ai vari percorsi di apprendimento. Il paradiso dopo la morte, così come siamo abitati ad immaginarlo, non sarebbe affatto un fatto statico, ma un processo infinitamente dinamico. Sulla natura del male torneremo in seguito.

L'esperienza umana, come abbiamo visto, è principalmente condizionata dall'illusione spazio-tempo. Questa sorta di gabbia genera intorno al mondo quello che viene definito il «*Disturbo di Banda M*», ossia un'interferenza causata dal caotico pensiero umano, impegnato continuamente a districarsi tra le numerose emozioni.

Alcuni corpi energetici detestano la Banda M, la percepiscono come il fastidio di un reattore di un aereo accanto all'orecchio, altri - soprattutto chi ha già fatto un'esperienza umana - ne sono assuefatti come ad una droga irresistibile. Come ho più volte ripetuto, l'esperienza umana, tra quelle disponibili, è una delle più strane e più additive, e la causa principale sono le emozioni che vengono prodotte all'interno dell'illusione spazio-tempo. Se solo sospendessimo anche solo l'illusione del tempo per un attimo, le emozioni - così con l'intensità con cui siamo abituati a percepirle - cesserebbero di esistere. Non proverò più amore o dolore o malinconia o gioia senza che esista un inizio ed una fine: è il fluire del tempo verso una inevitabile fine, che genera, amplifica, le emozioni. E le emozioni, come ho già accennato, sono lo scopo primario dell'esistenza dell'esperienza umana: l'emozione è propedeutica per generare il Loosh. I corpi energetici, durante la loro esperienza umana, non sarebbero altro che api all'interno di un alveare negli inferi della terra dove viene prodotta la materia grezza, fatta di amore, che in seguito verrà trasformata in Loosh. Il Loosh, secondo i resoconti di Monroe, viene prodotto in un luogo specifico, fuori dalla terra, da particolari spiriti che formano un anello particolarmente brillante.

Per viaggiare tra questi anelli, e oltre, Monroe spiega che si fa utilizzo di una specie di mappa chiamata *Rote*. Fare utilizzo di un Rote è un po' come richiamare un evento del passato nella mente, solo che il Rote è immediato e chiarissimo, e - appena richiamato - ci conduce esattamente nel luogo specifico. Associato al Rote c'é sempre un Indent che è il soggetto del Rote, il cuore dell'esperienza. Viaggiare nelle dimensioni attraverso ipersalti, non è come prendere la macchina per andare da A a B, ma è sempre associato alla comprensione di qualcosa: si utilizza il Rote per fare esperienza di un Indent. Tutto è perenne esperienza.

6.

TOPOGRAFIA DEGLI ANELLI PRINCIPALI

Gli anelli energetici che si espandono nelle dimensioni superiori alla nostra si possono sintetizzare in:

A) Anello più interno (o primo strato). Come abbiamo visto, in questo anello le persone (chiamiamole così per comodità) non sono consapevoli di altro che non sia il mondo materiale. Si tratta di persone morte o di frammenti di sogni. Monroe suddivide queste persone in «i sognatori» (frammenti di sogni), «gli intrappolati» (morti da poco che non riescono a comprendere cosa stia succedendo), «i selvaggi» (persone che si ribellano ossessivamente a questo nuovo status).

B) Anello successivo. Qui ci sarebbero coloro che si rendono conto di non far più parte della vita fisica, ma non sanno concretamente cosa fare. Queste persone sono poche perché resterebbero in questo stato per poco tempo: verrebbero subito aiutate a trovare una destinazione più idonea.

C) Primo Anello Esterno. Questo anello è molto vasto e contiene dei sotto-anelli. Le persone in questa zona sanno di essere ormai morti e che la loro esperienza umana è terminata, e per questo sarebbero soggetti a due forze preponderanti:

HTSI: Human Time Space Illusion
NPR: Non Phisical Reality

Ci si sposterebbe dunque nei vari sotto-anelli a seconda del numero e del tipo di nuove esperienze umane ancora necessarie. Stando agli interlocutori di Monroe, alcuni di questi corpi energetici avrebbero bisogno di centinaia di vite umane prima di poter proseguire verso nuovi apprendimenti.

D) Secondo Anello Esterno. Qui troviamo i finalisti o senior: questi esseri hanno ormai perduto definitivamente la loro forma fisica umana e il loro tipico aspetto grigio. Brillerebbero invece di luce e sarebbero pronti per attraversare l'anello più esterno.
Scomparendo improvvisamente senza lasciare traccia.

7.

CREPE NELL'HTSI (HUMAN TIME SPACE ILLUSION)

L'illusione Spazio-Tempo (HTSI: Human Time Space Illusion) è senza dubbio lo scheletro usato dalla matrice per rendere tutta l'esperienza umana credibile. Non solo rende credibile tutta la gamma delle emozioni che proviamo, ma è il vero e proprio collante che tiene insieme la consapevolezza dell'esistenza. È ciò che da senso a tutto. L'HTSI ci fa dimenticare l'infinità di esperienze a cui abbiamo avuto accesso nelle varie forme energetiche che siamo stati, e sigilla l'essere umano dentro una unica identità. Ma questo potrebbe non essere valido per tutti. Alcuni esseri umani, in certi frangenti, sono in grado di cogliere in pieno il carattere illusorio dello spazio-tempo, persino a pochi anni dalla nascita. È come se nel tessuto olografico che ci circonda si creasse una crepa: le persone che camminano nelle strade, le strade stesse, il cielo, le parole, i sentimenti, tutto improvvisamente perde di senso. Le immagini che vengono proiettate nella retina diventano una versione metafisica della realtà, proprio come i suggestivi quadri metafisici di de Chirico: il mondo cade a pezzi, e l'illusione viene smascherata.

Esistono alcuni studi ancora in stadio embrionale che indagano proprio su quali siano i meccanismi mentali che possano aprire degli squarci all'interno dell'illusione dello spazio-tempo. Ma il genere umano è davvero pronto a scoprire il velo di Maya che nasconde la realtà? È davvero possibile che sia stata lasciata per errore una crepa, un passaggio all'interno dell'apprendimento umano? Le esperienze fuori dal corpo, o viaggi astrali, sembrano suggerire che esistano delle imperfezioni, o degli imprevedibili effetti collaterali all'interno della macrostruttura energetica di cui facciamo parte.

8.

L'UNIVERSITÀ DI DIO

I resoconti dei viaggi di Monroe e soprattutto dei suoi colloqui con le varie creature energetiche incontrate, suggeriscono che ciò che descriviamo come l'infinito sia più concretamente definibile come un infinito apprendimento. Noi siamo studenti di un'università della coscienza che si muovono tra infinite classi verso una direzione molto chiara, ma senza avere accesso al significato del nostro diploma, se non negli ultimissimi istanti. Sempre che quell'ultimo momento esista davvero, visto che l'attuale nostra comprensione del tempo non può certo applicarsi alla membrana dove si dispiegherebbero le varie classi intermedie di questa speciale università. All'interno di queste classi, si troverebbe la peculiare classe riferita all'esperienza umana, che assomiglierebbe - come abbiamo visto - ad una sorta di ora di ricreazione o magari l'ora di educazione fisica. Sarebbe molto diversa dalle altre classi dell'università, ed assomiglierebbe piuttosto ad un parco giochi per lo sviluppo di particolari sfaccettature della coscienza (oltre che per la produzione di Loosh).

Esattamente come i nostri studenti ricevono specifici compiti a seconda dell'attuale livello di preparazione personale, anche gli spiriti riceverebbero un Rote sull'esperienza interessante da provare, ma - a differenza dei nostri studenti - sarebbero loro, assecondando i propri desideri, a decidere se partecipare alla lezione o meno.

In generale si desidera diventare fisici perché è un importante processo d'apprendimento che si desidera ardentemente superare per essere promossi. Una specie di esame trappola del biennio che permette di proseguire gli studi nel triennio.

Accettare l'oblio

Come abbiamo visto nell'ipotetica stazione di entrata, l'accettazione dell'illusione spazio-tempo è uno dei requisiti per accedere alla classe, o all'apprendimento umano, ma non è il solo. L'altro prerequisito è l'accettazione dell'azzeramento delle esperienze precedenti: nell'esperienza umana non è infatti ammessa neppure la minima interferenza dai sistemi di vita precedenti. Ma pure questa regola, così come l'accettazione dell'HTSI, potrebbe portare al suo interno un virus, una crepa. Nell'esperimento della macchina generatrice di linee di realtà abbiamo visto che esiste teoricamente la possibilità di ingannare la struttura delle multi-dimensioni o dei Molti Mondi, così come ipotizzati da Everett. Perché non potremo dunque ipotizzare che ci siano casi particolari in cui l'azzeramento delle vite precedenti (che siano esse vite terrestri o esperienze fatte in altri livelli energetici) non sia stato completato? O che certi particolari corpi energetici incarnati siano in grado di bypassare parzialmente l'azzeramento delle esperienze precedenti?

L'ingresso

Il corpo energetico viene incarnato alla nascita. Dalle

conversazioni di Monroe non emerge in modo preciso la fase esatta della gestazione o il momento topico in cui il corpo energetico (accettata l'illusione spazio-tempo e l'azzeramento delle vite precedenti) si impossessa del nuovo corpo.

La fase invece immediatamente precedente sembra essere più ricca di dettagli: il corpo energetico da una indicazione del periodo storico (quindi potenzialmente anche il nostro attuale futuro), la città di entrata, il sesso, la condizione economica, e tutta una serie di variabili che devono avere però un'attinenza allo scopo finale dell'esperienza: migliorare il proprio percorso d'apprendimento umano.

Come abbiamo già visto dai tanti dialoghi di Monroe con i corpi energetici nella zona d'ingresso, data l'elevata richiesta di entrata, alla fine - per non aspettare in eterno - i candidati si accontentano di un ingresso qualsiasi.

Tutta questa parte dell'ingresso, raccontata da Monroe, ha in effetti parecchie zone d'ombra, o per lo meno, fa sorgere alcuni dubbi. Quello, secondo me, più significativo riguarda il concetto di tempo.

Si fa cenno più volte al concetto di tempo (aspettare il momento, vagabondare per molto tempo, ecc) in livelli dimensionali che dovrebbero essere fuori dall'illusione spazio-tempo. Non è molto convincente l'idea che in un multiverso atemporale, molto più simile ad una struttura olografica, si debba aspettare il momento propizio di una nuova nascita per fare incarnare il corpo energetico. Se viene accettato il fatto che l'entrata può avvenire nel passato (passato rispetto a quale presente?), nel presente (di chi?) e nel futuro (rispetto a quale presente?), vuol dire che si sta confermando l'assunto di partenza di un multiverso dove esistono infinite versioni di ogni cosa dispiegate in uno spazio-tempo stratificato e parallelo, dove esistono infinite versioni (d'accordo leggermente diverse...) di Joan che sta partorendo Alan, e infine versioni di Alan tre secondi prima o sei secondi dopo. Ci sarebbero in effetti infinite versioni in cui il corpo energetico potrebbe incarnarsi senza fare inutili code.

Questa contraddizione in realtà però decade se accettiamo l'assunto (di cui abbiamo già ampiamente discusso prima circa il valore complessivo del nostro Self Awareness Factor) che ogni copia di noi stessi sparpagliata nel multiverso è in realtà una parte di una struttura energetica complessiva, cioè - se vogliamo - il nostro corpo energetico.

Visto da questa prospettiva allora i corpi fisici su cui incarnarsi sarebbero limitati, sia che si vada indietro nel passato o avanti nel futuro: in entrambi i casi un singolo corpo energetico è incarnato in un'esperienza complessiva che si svolge in un singolo istante, che è poi concettualmente la contrazione di una sorta d'esplosione emotiva avvenuta nel multiverso senza tempo.

Perché la vita umana causa dipendenza?

L'apprendimento umano sembra sempre incompleto. Questo emerge da numerosi dialoghi di Monroe con svariati corpi energetici deputati a controllare le varie fasi d'ingresso e d'uscita.

I motivi che creerebbero dipendenza sarebbero essenzialmente due:

1) L'originario istinto di far sopravvivere il corpo veicolo più a lungo possibile sarebbe una distorsione dell'istinto di sopravvivenza causata dalla pressione esercitata dal consumismo di massa e dalla pressione riproduttiva (divenuta col tempo una mera pulsione sessuale).

2) La continua attivazione dell'energia primordiale, che sarebbe deputata allo sviluppo delle emozioni (che creano il processo di apprendimento), produrrebbe un fortissimo effetto di dipendenza. Le emozioni (seppure generate da un'energia antica e positiva) si comporterebbero come una droga sul veicolo umano, confondendo continuamente il processo d'apprendimento con un processo di compulsione emozionale.

In sostanza, l'energia primordiale avrebbe come scopo finale la creazione (attraverso i processi dell'esperienza emozionale) di un'energia emozionale slegata dagli oggetti materiali, dalle persone fisiche, e da qualunque costrutto fisico e materiale. Questa energia è quella che Monroe chiama il «*Super-Amore*», ma che potrebbe identificarsi, secondo me, con una più illuminante *Sensazione* (una sorta d'illuminazione legata al concetto astratto di amore e di sincronicità). La Sensazione, così come una droga, può trovarsi in una forma pura o più spesso in forme impure, come se fosse stata tagliata male o composta con prodotti tossici.

9.

IL SENSO DELLA VITA

Questo quesito, che da sempre tormenta la nostra esistenza fino dagli albori della vita, troverebbe - attraverso i dialoghi di Monroe con gli addetti alla Scuola di Apprendimento Umano - una risposta secca che non lascia spazio a dubbi: lo scopo della nostra vita sulla terra è creare il Super-Amore, detto anche *Loosh*. Il Loosh è la benzina che fa muovere il grande meccanismo del cosmo. E sarebbe, in ultima analisi, proprio il raggiungimento dell'esperienza del Super-Amore per gradi, per incarnazioni successive, a creare la grande dipendenza, la compulsione a ripetere l'esperienza (l'apprendimento) umano-terrestre. Il senso della vita non sarebbe però esattamente come il senso della classe di geometria euclidea: in quest'ultima ci limitiamo a comprendere la geometria ma non il suo senso, nel primo caso invece il senso sarebbe proprio, paradossalmente, quello di comprendere il senso, non solo dell'esperienza umana, ma di tutto il percorso d'apprendimento.

CONCLUSIONI

L'universo non è solo un insieme di regole matematiche, ma è davvero - come ipotizza Tegmark - matematica allo stato puro? La nostra auto-coscienza, che ci fa porre le domande sul nostro destino, è davvero descrivibile come una complessa, evoluta, equazione matematica? Il nostro universo è davvero un multiverso pieno zeppo di nostri alter-ego che vivono vite parallele alla nostra e con cui siamo in contatto a livelli subconsci ?

Siamo davvero esseri energetici immortali che vivono vite simultanee su copie della terra e in luoghi remoti raggiungibili con ipersalti? La coscienza determina davvero la materia? Gli eventi sulla terra possono essere scatenati dalla nostra coscienza? Il nostro scopo sulla terra è davvero quello di ricongiungere le nostre particelle di coscienza? O siamo solo ignare illusioni creatrici di Loosh? Il cosmo è davvero una università dove le anime devono costantemente progredire per ricongiungersi con la fonte primaria? Cosa sarà di noi una volta ricongiunti con Dio? Perderemo davvero la nostra autocoscienza perché auto-cancellati dal fattore «game over»? O entreremo piuttosto a far parte di un nuovo gioco, ancora più grande, fino all'infinito?

Non sono in grado di predirre se, come suppongono molti, stiamo per entrare in una nuova era della coscienza (il tanto citato «Salto Quantico»), ma è ipotizzabile che nei prossimi 30 anni ci sarà un predominio graduale della coscienza sulla materia. Gli esperti dell'esplorazione spaziale, ad un certo momento, non riuscendo a trovare nuove forme di propulsione realisticamente efficaci per coprire le distanze tra le stelle, le galassie, e perché no, gli universi, si rivolgerà alla coscienza? Impareremo davvero a viaggiare distaccandoci dal nostro corpo fisico abbandonando gli illusori trucchi e i sensori che lo limitano?

La buona notizia è che forse nemmeno Dio nel suo complesso ama la perfezione, forse è distratto proprio come noi. Ci sono delle crepe, delle porte. Nella matematica, come nella coscienza, come dappertutto. Possiamo fare cose che non era previsto che potessimo fare, possiamo determinare la nostra personale evoluzione in modi che forse non avremo nemmeno dovuto.

Possiamo uscire dalla gabbia dorata. Per entrare in una più grossa, ed in una più grossa ancora. Per poi - forse - metterci in coda per tornare indietro, perché alla fine - qualcuno di noi realizzerà - questa disdicevole imperfezione materiale in cui viviamo, ci fa provare delle emozioni che ci legheranno qui per sempre. Cosa ne sarà dello sguardo «compassionevole» che mi rivolge il mio amato cane Ronnie, ogni volta che esco di casa, quando anche lui non sarà più sottoposto all'illusione dello spazio-tempo? Cosa ne sarà di noi quando saremo finalmente liberati dalla paura della morte e non saremo conseguentemente più in grado di provare alcuna emozione? Saremo tutti vittima del fattore «game over» o potremo inserire ancora una monetina per fare una nuova partita?

L'AUTORE

Pablo Palazzi è nato a Genova. Laureato in Screenwriting all'università di Los Angeles e in Psicologia Clinica a quella di Padova.
È l'autore dei romanzi SXHO, Paul Ginsberg, La Massa Mancante.

Contatti: pablo@hub05.com

www.ingramcontent.com/pod-product-compliance
Lightning Source LLC
Chambersburg PA
CBHW070232190526
45169CB00001B/160